JN320178

我が家にミツバチがやって来た

ゼロから始めるニホンミツバチ養蜂家への道

久志冨士男

1：貯蜜を持ったまま農薬被害で死滅した後、ミツ蓋を残してスムシが食べた跡。
2：巣門を出入りする体の黒いオスバチ（腹に縞模様のない上の４匹）。
3：分蜂群が待ち箱に飛来。女王蜂（腹が黒くて長い）が入ろうとしている。
4：冬に咲く椿の交配にニホンミツバチは威力を発揮する。
5：和洋両種が野外給餌器に来た。背中が黄色く、腹が太いのがセイヨウミツバチ。背中まで黒い縞模様があるのがニホンミツバチ。
6：無王になって押しかけたセイヨウミツバチ。番兵のニホンミツバチ（手前中央）にミツを口移しして買収するセイヨウミツバチ（手前左）。手前右のセイヨウミツバチは花粉を運んでいる。

高文研

はじめに

　私がニホンミツバチと付き合い始めて二十数年が経った。その間、私のハチたちは増え続け、現在70キロメートルにわたって35カ所、親類、友人、知人、イチゴ農家に、多くて10箱ずつ合計250箱の巣箱を置かせてもらうまでに至っている。遠くてほとんど管理をしていない場所も多く、そこではハチたちに宿を貸しているだけの状態である。この250箱の中で100箱くらいが春の分蜂を経て群れとして生息を始めるのであるが、1年経つと3分の1に減るということを繰り返しながら、この二十数年の間に少しずつ増えたのである。
　この本は、1995年、英語教師を定年退職したあと一応書き上げていたのを、思いつくごとに書き直し、書き加えてきたものである。いわば二十数年の集大成である。何とか世に出したいと思い続けていたが、専門的すぎるということで出版社に断られていたものである。前著『ニホンミツバチが日本の農業を救う』を書くことになったのは、もっと一般の人にもわかるものを書いてくれと言われたからであった。

　私は長崎県の離島である壱岐島と五島列島で、戦後絶滅していたニホンミツバチを復活させたのであるが、私の予想を超えて、このハチたちが大繁殖をした。このハチによる養蜂を生業化しようと試みる人たちも現れ、そのための研究会が発足した。このニホンミツバチによる養蜂は、セイヨウミツバチ養蜂より多くの利点を持つこともわかってきた。
　私がこれまで書き溜めていた内容では間に合わなくなり、生業の指針としてのさらに詳しい内容が求められるようになった。
　この1年間、島の人たちと協力して、生業養蜂にふさわしい技術の開発に取り組んだ。ミツの生産を高めるための蜜源植物の選択と栽培および植樹が行われた。技術的には、ミツの分離法と濃縮法、巣箱の改良などが試された。1年間の努力の結果、ほとんど解決の展望を見るに至った。
　現在、世界中でセイヨウミツバチが飼われているが、多湿のアジアではア

フリカ出身のこのハチは生きるのが難しく、人による多大な世話を必要とする。資力も必須である。私は、アジアではアジアで進化を遂げたトウヨウミツバチ（ニホンミツバチはトウヨウミツバチの亜種）に取り替えたほうがよいと思うに至っている。

　この書が、ニホンミツバチ生業養蜂の手引きになれば幸いである。

✽──目次

はじめに 1

I ニホンミツバチの巣箱を作る

1 巣箱のいろいろ ……………………………………… 12
✽重箱式
✽巣枠式
✽蜂洞式
✽対馬式蜂洞
✽反転式
✽韓国の重箱式
✽中国の巣箱

2 重箱式巣箱の特性と作り方 ……………………… 18
✽重箱式の目的
✽なぜ3段から始めるのか
✽サイズの根拠
✽桟の必要性
✽巣板の方向
✽材質
✽製材所で
✽内も外も鉋をかけない
✽隙間を作らない
✽基台
✽中蓋と蓋
✽塗装は無用

3 検証：蜂洞、セイヨウミツバチ用巣箱、
韓国式重箱、トップバー ……………………… 29
✽蜂洞
✽セイヨウミツバチ用巣箱
✽韓国式重箱

　　　　＊トップバー
　４　理想的な巣箱の要件 ……………………………………… 38
　　　　＊照葉樹林とニホンミツバチ
　　　　＊湿気対策

Ⅱ　ニホンミツバチを捕える
　１　分蜂と待ち箱と捕獲 ……………………………………… 42
　　　　＊分蜂の手順
　　　　＊待ち箱の匂い付け
　　　　＊待ち箱の設置
　　　　＊分蜂の予知
　　　　＊ハチ受け
　　　　＊１回で固まらない蜂球
　　　　＊遠くへ行きたがる分蜂群
　　　　＊２つの球に分かれた分蜂群
　　　　＊２回に分けての分蜂もある
　　　　＊出るか残るか働き蜂の選ぶ権利
　　　　＊仕事分担別の蜂数のバランス
　　　　＊勢力の強弱
　　　　＊収容の際に注意すること
　　　　＊３つの収容方法
　　　　＊収容直後の処置
　　　　＊元巣に戻るハチ
　　　　＊夜の収容
　　　　＊収容後の移動
　　　　＊分蜂後の天候急変
　　　　＊移転先のすでに決まった分蜂球
　　　　＊逃亡群
　　　　＊分蜂しない群れ
　　　　＊孫分蜂
　　　　＊空梅雨と弱小群と梅雨明け
　　　　＊分蜂球の構造
　２　設置と管理 ………………………………………………… 64

＊設置場所
　　＊農薬対策
　　＊巣箱の置き方
　　＊隣り合う複数の巣箱
　　＊数メートルの移動
　　＊過密を避ける
　　＊シロアリ対策
　　＊防寒
　　＊冬の蜜切れ
　　＊移動は気温の低い時に
　　＊重箱の付け足し
　　＊台風対策
　　＊放任養蜂
　　＊雄バチの評価

　3　自然群を巣箱に入れる ……………………………………………… 75
　　＊人間の生活圏に侵入した分蜂群の対処法
　　＊ハチの住宅難を解消する
　　＊自然群の移し方
　　＊セイヨウミツバチの巣箱から重箱式に移す法

Ⅲ　ニホンミツバチのミツを採る
　1　採蜜の時期 ……………………………………………………………… 82
　　＊蜜の糖度
　　＊重箱派の採蜜時期
　　＊蜂洞派の採蜜時期
　　＊越冬巣箱からの採蜜
　　＊初回分蜂群からの採蜜
　　＊秋の採蜜
　　＊セイタカアワダチソウの効用
　　＊セイタカアワダチソウのミツの味
　　＊越冬と分蜂と段数
　　＊梅雨と採蜜
　　＊強勢群と弱小群

＊段数と勢力

　２　採蜜の方法 ………………………………………………… 90
　　＊採蜜の道具
　　＊採蜜可能な巣箱の判別
　　＊ミツを濃くする条件
　　＊蜜重箱の切り離し
　　＊ミツをこぼさない
　　＊採蜜尚早
　　＊切り落とした幼虫の巣板
　　＊ミツの分離法
　　＊重石方式
　　＊低温ではミツの分離が困難

　３　ミツの管理 ………………………………………………… 98
　　＊発酵させてはならない
　　＊結晶
　　＊ミツ濃縮の方法
　　＊冷蔵庫保存
　　＊発酵完了ミツ
　　＊ハチミツの比重
　　＊湯灌
　　＊３種の蜜巣板
　　＊日本、中国、オーストラリアのセイヨウミツバチのミツ

　４　蜜の食用外利用、粗蝋、蜜蝋 ………………………… 104
　　＊ミツの食用外利用
　　＊粗蝋：待ち箱の誘引剤
　　＊搾り滓の与え方
　　＊蜜蝋

　５　給餌と砂糖水の作り方 ………………………………… 107
　　＊給餌とは何か
　　＊作り方
　　＊給餌器
　　＊給餌の注意点

＊外付け
　　＊韓国製給餌器
　　＊固形砂糖の給餌
　　＊盗蜂対策
　　＊給餌の無駄な群れと有効な群れ
　　＊分蜂促進、流蜜不足と長雨対策としての給餌

Ⅳ　ニホンミツバチの生活サイクル

1　巣箱の中での新旧交代 …………………………… 116
　　＊倒れる群れ
　　＊分蜂の終わった巣箱の点検
　　＊旧巣箱の中の新女王の選択
　　＊点検法
　　＊家移り（逃亡）
　　＊家移り防止・古巣板撤去
　　＊スムシとの関係

2　逃亡と消滅 ……………………………………… 122
　　＊逃亡には理由がある
　　＊巣内の高温
　　＊逃亡の受け皿
　　＊オオスズメバチの襲撃
　　＊死滅
　　＊雑木の乱伐
　　＊農薬被害

Ⅴ　ニホンミツバチが人を刺すとき

1　刺されないために ……………………………… 130
　　＊最初の出会いが大事である
　　＊巣箱に衝撃を与えない
　　＊羽音を聞く
　　＊ニホンミツバチは人に馴れる
　　＊凶暴な群れとの仲直り法
　　＊ハチたちが凶暴になる場合

　　　　＊女王蜂死亡の場合は別
　　　　＊人との衝突
　　　　＊隣家の灯りに行く
　　　　＊他の群れの匂い
　　　　＊実際に刺されてしまったらどうするか？
　　　　＊人間の存在を意識している
　　2　オオスズメバチ対策 ………………………………… 140
　　　　＊中心問題はオオスズメバチ
　　　　＊殺すか殺されるか
　　　　＊巣箱の注意点
　　　　＊通気口不要
　　　　＊発酵ジュース
　　　　＊粘着剤
　　　　＊セイヨウミツバチ用捕獲器
　　　　＊鳥かご式
　　　　＊階段式防止器
　　　　＊ニホンミツバチとオオスズメバチの関係
　　　　＊危険を避けるために──オオスズメバチは人に馴れる
　　3　ツバメ、ヒヨドリ、蟻対策 ……………………………… 153
　　　　＊巣門前を高速で飛べないようにする
　　　　＊ヒヨドリ
　　　　＊蟻

VI　ニホンミツバチの経済学

　　1　ニホンミツバチには値段があるのか ……………………… 156
　　　　＊全てはミツの値段から始まる
　　　　＊ニホンミツバチの値段
　　　　＊貸し蜂
　　2　待ち箱に入ったセイヨウミツバチの対処法 ……………… 161
　　　　＊重箱からラ式巣箱へ移す
　　　　＊給餌
　　　　＊オオスズメバチ対策とダニ対策

- ＊重箱式で成長した群れをラ式に移す
- ＊木酢の霧吹き
- ＊ニホンミツバチとの性格の違い
- ＊ニホンミツバチとセイヨウミツバチの発生的な違い
- ＊セイヨウミツバチとトウヨウミツバチの未来についての一考察

3　絶滅の原因 ……………………………………………………… 173
- ＊雑木乱伐による蜜源の喪失
- ＊多雨による流蜜不足
- ＊中部九州の状況
- ＊南九州の森林の状況
- ＊中国地方の調査
- ＊群れの密度
- ＊農薬は絶滅の原因になりうる
- ＊戦後の絶滅を免れた離島の状況・農薬被害

VII　ニホンミツバチ生業への道

1　生業養蜂 …………………………………………………………… 186
- ＊生業化の条件
- ＊ニホンミツバチは人と対等の関係である
- ＊蜜源植物の栽培
- ＊ソバ蜜の不思議
- ＊器具
- ＊巣枠・巣箱
- ＊巣箱
- ＊遠心分離器
- ＊濃縮器（特許出願中）
- ＊オオスズメバチ撃退器
- ＊巣板付きハチミツ
- ＊蜜蝋
- ＊蜂蜜酒
- ＊温室交配用蜂
- ＊イチゴハウスとミツバチ
- ＊農業のあり方が問われている

＊ニホンミツバチを訓練する
　　　＊蜂群の販売
　2　ニホンミツバチの管理カレンダー ……………………… 203
　　　＊種まきと開花のカレンダー
　　　＊菜の花とソバの種まき
　　　＊ローズマリー
　　　＊ラベンダー

　おわりに　206

装丁＝商業デザインセンター・増田 絵里

I ニホンミツバチの巣箱を作る

3段に重ねる重箱式巣箱と中ぶた。

1　巣箱のいろいろ

　ニホンミツバチ養蜂は巣箱作りから始まる。他人に作ってもらっていては高くつく。自分なりに改良を加えたり、安価な材料を探したりすることでハチとの親密度が増し、飼育が長続きする結果にもなる。

　全国的には、ニホンミツバチの巣箱の形状および寸法はまだ規格化されていない。地方によって、その地方の様式を踏襲しているところが多い。大きく分けると、重箱式、蜂洞、箱洞（角洞、単箱式）、泥製、巣枠式がある。内容積も25リットルから50リットルまで様々で、縦横の比率も様々である。

　その地方の気候や伝統技術などでバラエティが生まれている。それは巣箱だけのことではなく、養蜂技術にも、その地方独自のものがある。南北に照葉樹林帯と広葉樹林帯に分かれる日本列島では、当然ニホンミツバチのライフサイクルは違ってくるし、養蜂技術も違ってくる。それらを考慮した上で、採蜜と飼育の容易さの観点から、それぞれの特徴を述べてみたい。

重箱式

　この本の主題は「生業養蜂」である。その観点から見ると重箱式【第Ⅰ章扉写真、写真1】を最初に挙げざるを得ない。

　底のない箱、言い換えると「枠」を重箱のように3～4段重ねて1基としたものである。底がないのに箱と呼ぶのは適切でなく、「重ね枠式」とでも呼ぶべきだと思うが、昔から重箱式と呼ばれているので、私もそれに従うことにする。設置は普通3段から始める。

　重箱の寸法は地方によって、あるいは個人によって様々であるが、私は試行錯誤の末、内面寸法25センチ×25センチ、高さ12.5センチに落ち着いている。板の厚さは25ミリである。根拠は後述する。

　採蜜は最上段を切り離して行う。

巣枠式

　流蜜の豊富な所でニホンミツバチを飼養するには、巣枠式にしてミツを分

離したあとの蜜巣房を再び使えるようにしたほうがハチの負担は軽減される。

セイヨウミツバチ用ラングストロス(Langstroth、アメリカ人。1853年に著した『巣とミツバチ』で、近代養蜂を確立したといわれる)式(以下ラ式と略)を流用する人もいるが【写真2】、ニホンミツバチはセイヨウミツバチとはその生態が基本的に違うところがあり、それでは、いろいろと不都合が起こる。このことは、第3節「セイヨウミツバチ用巣箱」の項で詳しく検討する。

私は自分が考案した巣枠【写真3】と巣箱【写真4、特許出願中】を使っている。重箱の左右の板を前後に5ミリ出し、前後の板に別の板を、上辺から少し出るように打ち付けたものである。これで各重箱は、ずれなくなる。縦に縛ると倒れてもバラケない。

巣枠は、巣箱そのものが縦長になるニホンミツバチ用巣箱に適合するように小型である。

この小型の巣枠に合うように独自に開発した小型遠心分離器を使っている。携帯できるので遠方の蜂場にも持って行ける。

これらのことは第Ⅶ章「ニホンミツバチ生業への道」で詳しく紹介する。

1. 重箱式巣箱(3段)

2. セイヨウミツバチ用ラングストロス式(小型、継箱をしている)

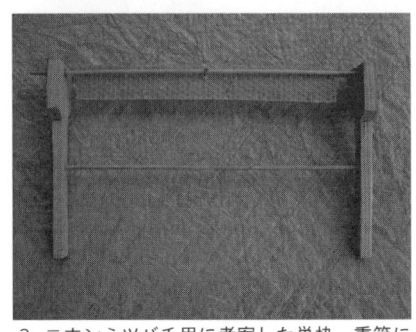

3. ニホンミツバチ用に考案した巣枠。重箱に収まる大きさである。巣礎は短い。

4. 私の考案による巣枠式用巣箱

5. 蜂洞。丸太をくり抜いて作る。地方によって採蜜の時期と仕方が違う。

6. 対馬の蜂洞。左が角洞、右が丸洞。他の地方のより細くて長い。

蜂洞式

　丸太の内部をくり抜いたもので【写真5】、ニホンミツバチの野生の巣に近づけたものである。九州では宮崎、熊本、大分などの山岳地帯に多く使われている。採蜜は蜂洞を逆さにして、巣板を端のほうのものから切り離して行う。そのため、春に採蜜すると幼虫を殺すので秋だけの採蜜になる。

　蜂洞については第3節で詳しく述べる。

　これを板で作ったものを「箱洞」あるいは「角洞」と呼ぶ。

対馬式蜂洞

　長崎県では蜂洞式【写真6】には、採蜜を上から行う対馬のやり方がある。上部の蓋を外し、ハチを下に追いやり、蜂洞を横倒しにして、蓋側から採蜜する。採蜜後上部に空間ができ、そこにハチは下から上に向かって巣板を作っていくことになるが、重力に逆らうため、巣板は変形したものになる。

　幼虫を傷める心配がないので春に採蜜できるはずであるが、採蜜は秋だけである。

　この蜂洞の外見は、逆さにして採蜜する蜂洞に較べて、細長いのが特徴である。朝鮮半島に、この形と同じ蜂洞が昔あったことが文献に出ている。

反転式

　これは、最近まで長崎県諫早市で使われていたもの【写真7】である。竹で編んだ円筒の内と外に泥を塗って、4センチほどの厚さにしたものである。天井は藁を編んで作る。直径33センチ（内径28センチ）、高さ42センチほどである。洞の中程に十文字の桟がある。昔はこの方式がほとんどで、農家に数個は置かれていたそうである。

　この方式の最大の特徴は、採蜜の終わるごとに洞をひっくり返すことである。蓋を切り離した後、ハチを下に追いやり、蜜巣板を取り出す。次に、洞を逆さにして立てるのである。

7．諫早、多良岳の麓で使われてきた反転式蜂洞の最後の見本。春に上から採蜜したら反転する。

8．韓国の重箱式。最下段は給餌器。

　分蜂が終わって、古い巣箱を継いだ新しい女王が自分の王国を完成させ、貯蜜が進んだのを見計らって5月に採蜜する。それは梅雨の前後になるのでタイミングが難しい。

　反転してハチが戸惑いを示さないのか観察したが、ハチたちは何事もなかったかのように生産活動を継続し、天井に巣板を固着し、上部に移った幼虫をちゃんと育て、巣板は下に延ばしていった。

9. 中国の樽洞。中間に桟が貫いている。上から採蜜する。

10. 中国の箱洞。2段の重箱式。

11. 重箱式樽洞。製作が大変だと思える。台の石に溝を付けて巣門にしている。

韓国の重箱式

基本的には日本の重箱式と同じである。違うのは、個々の重箱の内寸が横も縦も小さい【写真8】ことである。これも第3節で詳しく評価をしてみる。

中国の巣箱

2008年11月1日から行われた、アジア養蜂家協会の研究会に出席した際に中華蜂（トウヨウミツバチ）の蜂場に現地調査に行ったが、改良の試みがなされているような巣箱は発見できなかった。多数は、箱洞、樽洞【写真9】、セイヨウミツバチ用ラ式などで、重箱式では2段の箱【写真10】と3段の樽を見つけたが、2段のほうは大き過ぎ、未だ本格的な重箱式になっているとは思えず、樽のほうは重箱式と認められるが、小さすぎる感【写真11】があった。

どれも、天井にシュロの皮を張ってあるのが共通した特徴である。ハチが取り着きやすいようにしてあると思われ

るが、シュロの皮が天井に固着しているようには思えず、それだと巣板が自身の重さで落ちやすく、逆効果であろう。白く見えるのは石膏の隙間塞ぎである。

2　重箱式巣箱の特性と作り方

重箱式の目的

　私はアジア諸国の巣箱も含めて、知りえた限りのほとんどすべての巣箱を試作して使ってみたが、最後にたどりついたのは、私の地方に昔からある重箱式であった。採蜜するのにこれより便利な巣箱はない。群れが大きくなるのに応じて内容積を変えることも容易である。

　本来、重箱式は初夏採蜜を前提に考え出されたものである。ミツバチは巣板の上部に貯蜜し、その下に花粉を貯め、さらにその下で子育てをするので、最上段の重箱だけを切り離したら、幼虫に被害を与えないでミツが採れる仕掛けだからである。

　私はその縦、横、高さの最適なサイズを決めるのに10年くらい費やしている。そしてたどり着いたのが、厚さ25ミリの板で、1個の重箱の内寸は250ミリ×250ミリ×125ミリに落ち着いている。この方式とこのサイズが、現在世界で最も優れていると自負している。

　最近はこの重箱式に巣枠式を併用する巣箱の実験も行っているが、無条件に巣枠式が優れているという結論には至っていない。蜜源が豊富で養蜂を生業とするのであれば、巣枠式が優れていると言えるのであるが、管理が大変である。巣枠の製作に手間がかかるし、遠心分離器も必要になる。蜜源の乏しいところでは欠点のほうが大きい。1年に1回か2回しか採蜜しないときは、採蜜した空の巣板を元に戻すと、スムシがそこで繁殖する。また、蜜蝋はハチの身体から自動的に分泌されるものなので、蜜蝋が過剰生産されることになる。

　さらに、ニホンミツバチの女王は新しい巣房にしか産卵しないので、働き蜂は下へ下へと巣板を伸ばしてゆく。全体的に巣板が古くなると、それを壊して新しく作り替える。採蜜はその壊す手間を人が省いてやることでもある。

　巣枠式にして古い巣板を戻されてもハチには迷惑な場合が多い。ニホンミツバチがセイヨウミツバチと違う点の1つである。

セイヨウミツバチ用の横長のラ式を使っている人もいるが、それでは子育て中のミツを採る初夏の採蜜に際して幼虫にストレスを与える。蜂洞式だと、採蜜に際して幼虫を殺してしまう。この点、重箱式なら幼虫のいる初夏でも採蜜できる。これが重箱式の最大の利点である。

なぜ3段から始めるのか

待ち箱として使うと、重箱は4段より3段のほうが入りがよい。2段でもよい。巣門から天井まで歩く距離が短いからだと思われる。それに分蜂時の半数は、4段を必要としないままで終わる弱小群と考えてよいからでもある。

サイズの根拠

作り方を述べる前に、巣箱とその単位である重箱のサイズに関する根拠を述べておく必要があるだろう。巣箱全体の容積はハチが最高どれくらいの群れに成長するかに関わるし、各重箱の容積は1回の採蜜でどれだけ採るかに関わってくる。

ところがハチの勢力にはバラツキがあり、このバラツキは蜜源環境と女王蜂の繁殖力によるのであるが、強勢群からでないと採蜜はできない。その強勢群の中で、今年分蜂の強勢群は、環境がよく、巣箱の容量が小さいと、夏の終わりまでには巣板が巣内に充満し、ハチたちが巣門の外に溢れるようになる。このとき容量を増やしてゆくと、最終的には35リットルくらいまで必要になる。このあたりが強勢群1年間の成長の限界でもある。もちろん環境が良いと50リットルが必要になる超強勢群もいる。

その強勢群からしか採蜜しないのであるが、春にはミツが十分に貯まっていないのに採蜜するための失敗が多い。ハチは子育てができなくなり、群れが弱り、餓死に至ることがある。

適切なタイミングで採蜜がなされても、取り過ぎによる失敗もある。重箱は適切なサイズでなければならない。適切なサイズは、1回で何リットルまでなら採ってよいのかによって決まる。正確に言うと、何リットル採るかではなく、何リットル残さねばハチは生きていけないかである。これはなかなか難しい問題である。

流蜜期の春は、採ってもまたすぐ貯めることができるが、子育て中なので多くのミツを必要とする。秋は越冬用に多く残したほうがよいが、冬でも気温の上がる日はあり、ツバキやビワが開花しているので貯蜜を多く必要としない年もある。

　強勢群ほど越冬にも多量のミツを必要とするが、強勢群も10キログラムの貯蜜があれば、厳しい冬でも大丈夫な感じがする。

　秋に、採蜜が可能かどうか判断するのに4段の巣箱を持ち上げてみるのであるが、25キロあると大丈夫である。女性の力では、簡単には持ち上げられないほどの重さである。巣箱の木材の部分が大方8キログラムあるので、ミツは正味ほぼ17キログラムである。こんな巣箱から1段採蜜し、3段を残す。

　1回の採蜜で採る量は、この17キログラムの4分の1、4.3キログラムである。1つの重箱を内寸25センチ×25センチで高さ12.5センチにすると、容積は9リットルになり、その中にミツが充満した場合、大方4.5キログラム前後のミツが入っている。残る重箱3段のミツは約13キログラムであり、越冬には十分すぎる。強勢群であれば2段残し、2段採ってもよい。普通は大事をとって1段しか採蜜しないが。

　5段以上の超強勢群であれば、2段採っても大丈夫である。その場合、1度に2段採るのではなく、最初上から2段目を採り、1週間後に最上段を採ったほうがミツは濃い。

　このように、重箱4段ないしそれ以上の段数の巣箱にミツが充満していれば2段採ってもよいが、充満していないのに1段でも採蜜をするとハチは弱る。

　以上のような採蜜との関連で重箱のサイズは決まる。

　実は、内辺を25センチにしたのには別の理由もあった。巣枠式にしたとき25センチは都合が良い。

　巣板の中心から中心までは平均33.5ミリで、ビースペース（巣板と巣板の間の隙間）は9ミリである。25センチの中に巣板7枚がちょうど納まるのである【写真12】。

　8枚収めようとすると28.4センチになり、その正方形だと高さは11センチ

にしないと容積が9リットル以下にならない。これでは重箱の見た目がいかにも扁平である。6枚の巣板を収めることにすると21.7センチになり、高さは18センチ以上になる。これでは重箱を重ねたとき細い煙突のようになってしまい、安定感がなくなる。それで25センチに落ち着いたのであった。

また、成長した自然巣の場合、巣板の数は7枚ないし9枚であるが、両端は小さいので、四角の中に収めるのであれば7枚と考えてよい。

このサイズは重箱式巣箱の内寸にも良く適合すると確信したのであった。

12. 側面に平行に作っている。25センチ内径にちょうど7枚入る。

13. 竹ヒゴを使った井の字型桟。

外辺の幅は、板の厚さ25ミリを加えると30センチになり、天井の中蓋は10センチ3枚、蓋は15センチ2枚になり、既製品が求めやすい。底板も15センチ幅2枚を使えばよい。

また、この重箱4段を重ねて眺めたとき、高さは基台と天井板の厚さを加えて60センチになり、安定感のある形になる。巣箱は見かけも大事である。見かけが良いと、中にいるハチ群までも上等に見える。

その後、ニホンミツバチ独自のサイズの巣枠と巣箱を自作して使ってみたが、巣枠式は欠点が多いことがわかり、採用を断念した。

14. 採蜜のため最上段の重箱を切り離した断面。筋交いに巣板を作っている。

桟の必要性

　重箱には、桟が取り付けてある。採蜜に際して最上段の重箱を切り離した時、それより下の巣板が落下しない仕掛けである。以前は十文字型であったが、現在は細い竹ヒゴを使った井の字型【写真13】のみを使っている。

　桟は長さ28センチのバーベキュー用の串が市販されている。井の字型にする利点は、丈夫になり、桟が細いのでハチの巣内交通を阻害しないことである。

巣板の方向

　新たに巣箱に入ったハチの自由に任せると、巣板を作る方向は気まぐれであるが、箱に対して隅から隅へ筋交いに作ることが多い【写真14】。

　ハチが巣板を筋交いに作るのは、最初巣箱に入って天井に固まったとき、群れが小さいと隅に寄る。そこから、天井の中心に向けて巣板を伸ばすからである。

　筋交いに作るのは、一番合理的な巣板の取り付け方でもある。ハチは巣箱の中心部で子育てをするが、筋交いに作った巣板は、真ん中のビースペースが長くなり、熱の逃げる外壁から遠く、子育てを行う中心部の保温に有利である。側面に平行だと【写真12】両端の巣板の外側は保温に不利で、貯蜜にも産卵にも使われないことが多く、貯蜜のスペアにしているようである。

材質

　巣箱の材質は乾燥していれば何の木でもいいが、杉が安く、内部の湿気を外に逃がす効果も高い。檜は高価であり、松材は重く、湿気や乾燥で反り易い欠点がある。

これらの木材は、生木で匂いが残っているとハチは嫌って入らないし、分蜂群を回収しても逃亡する。

　生木で匂いが残っている場合は水に4～5日漬けてあく抜きをしてから日陰で乾かすとよい。

　しかし、あく抜きも数が多くなると大変である。製材所では乾いた木材の入手は困難であるし、自宅で板のまま乾燥させるとなると、場所がなかったりする。私の場合は、分蜂期の半年以上前に製材してもらい、生木のまま巣箱を作り、そのまま乾燥させる。そして分蜂前に鉋で、合わせたとき隙間がないように最後の修正をする。

製材所で

　厚さ25ミリ、幅125ミリ、長さ275ミリの板に製材してもらっている。24ミリが厚さの規格なので、24ミリの既製品を買ってもよい。その下の規格は20ミリである。断熱効果を考えると最低20ミリの厚さは必要である。厚いほど重ねたとき安定もいいが、30ミリを超すとコスト高になり、抱えたとき重すぎる。また、薄いほどオオスズメバチに噛み破られる。

　安く仕上げる方法は、製材所では丸太の根に近い部分は木目が乱れていて板としては使い物にならないので切り離してあるが、その部分を25ミリの厚さに製材してもらうのである。後は自分でやる。

内も外も鉋をかけない

　内側の表面はガサついているほど巣板がよく固着するし、天井にハチ群がぶら下がっても落ち難い。ケバはハチが歩くのに障害になるが、その場合はハチがかじり取る。バーナーでケバを焼いてやるとハチは助かる。製材ノコの油が付いているようならば、焦げるまで焼く。

　外面は、鉋をかけたら見かけは良くなる。

隙間を作らない

　重箱を重ねたとき、隙間ができないようにしなければならない。90度回しても隙間がないようにする。これが、重箱式の製作で最も重要で難しい点で

15. 基台。観音開きの扉をひらいたところ。扉の下端に高さ６ミリの巣門がある。

ある。

　隙間があると匂いが漏れ、オオスズメバチを引き寄せたり、スムシの蛾が卵を産み、そこからスムシが入り込んだりする。

　板の幅にバラつきがある場合は鉋で微調整をする。

　ハチによるミツ濃縮で巣箱内に湿気が充満しても、板が反らないようにしっかり固定する。４つの角を３本のネジ釘で留める。ネジくぎはコーススレッドの57ミリを使っている。

　板は年輪の外側に当たるほうが湿気に強いので、年輪の外側を巣箱の内側になるようにしたほうが反りが少ない。

　全く隙間がないように作るのは難しいが、わずかの隙間であればハチたちが内と外から継ぎ目を蝋で塞ぐ。

　ハチが待ち箱を選ぶ基準は、オオスズメバチ対策のため匂いが漏れないことを第一にしているように思える。空にかざして中から光が見えるようだと選ばない。そんな場合はとりあえずガムテープで塞ぐ。

基台

　板や小石を挟んでも出入口にはなるが、基台はあったほうが、いろいろと便利である。観音開きの扉【写真15】を付けると、床を掃除してやったり、巣板の成長を鏡を入れて調べたりすることができる。暑いときは全開にしてやることもできる。

　基台の板の高さは4.5センチにする。扉に高さ６ミリの巣門を切り込む。９ミリであればオオスズメバチは入り込めないが、それでは、オオスズメバチはもう少しで入れると考え、巣門をかじり、いつまでもそこを離れようとしない。ニホンミツバチが、楽に出入りできる最小の幅６ミリにするとオオ

スズメバチは早く諦めて去る。5ミリ以下にすると雄蜂がほとんど出入りできないので、働き蜂がかじって広げようとする。

扉の回転軸として、錆びないステンレスの釘を打つ。開閉を確保するために回転軸側にも6ミリの隙間を作り、それは縦長の巣門にする（【写真1】も参照されたい）。

巣門は横長と縦長が併設されていると、ハチには何かと便利である。横長のほうが噛み滓を運び出すには容易であるが、冬、内部の結露で床に水が溜まったときは歩き難くなったり、農薬のかかった花蜜を飲んでハチたちが巣内で死んだ場合、巣門のところで重なり合い、生きているハチも出られなくなって全滅することがある。縦長を併用したほうがよい。あるいは高さ3センチほどの縦長を4本ばかり付けてもよい【写真16】。

16. 4本の縦長巣門を持った基台。

17. 穴巣門。厚みがあるとハチが両側から同時に入った時困る。

プラスティック板に10ミリの穴を開けてもよく【写真17】、この場合、横にずらして取り外しができるようにする。こうするとゴキブリが入らない。入

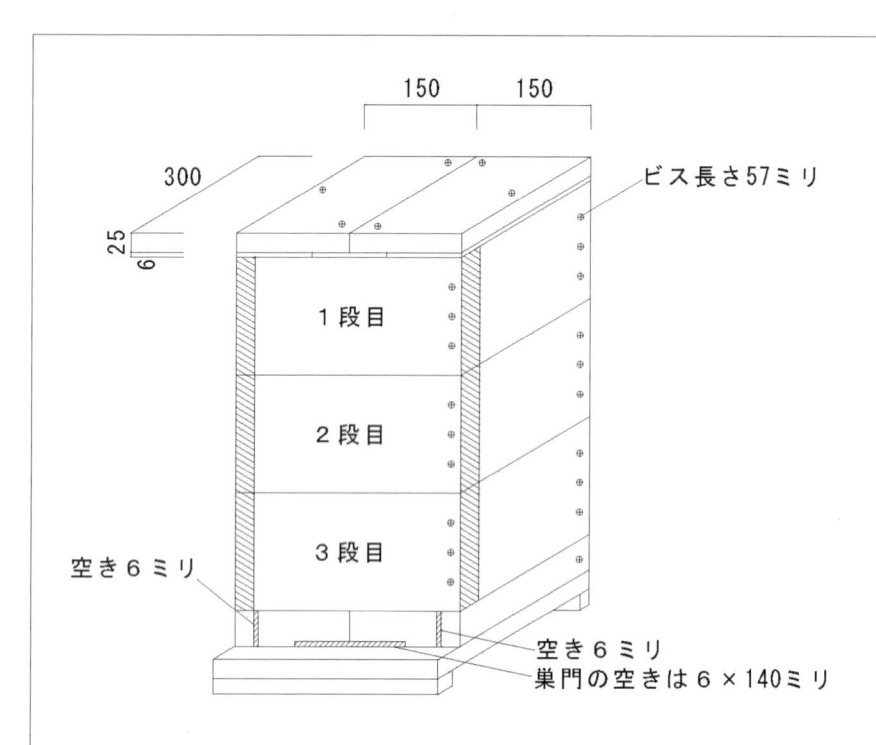

正面から見た立面図

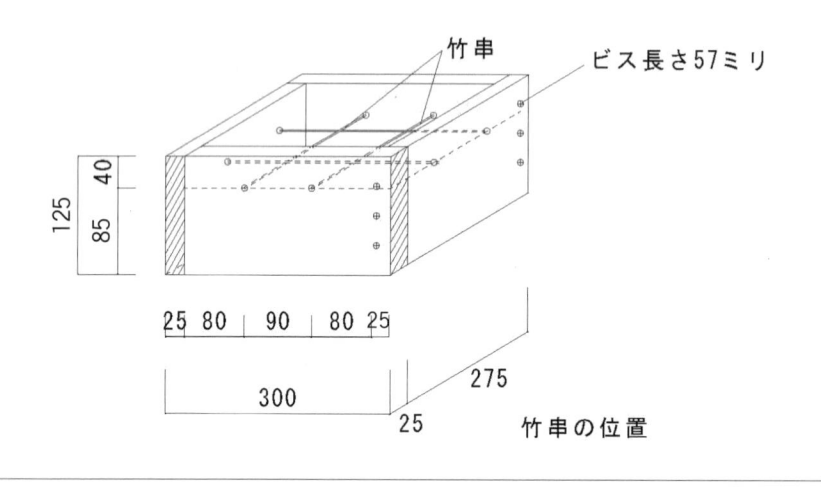

竹串の位置

重箱式ニホンミツバチ巣箱の設計図

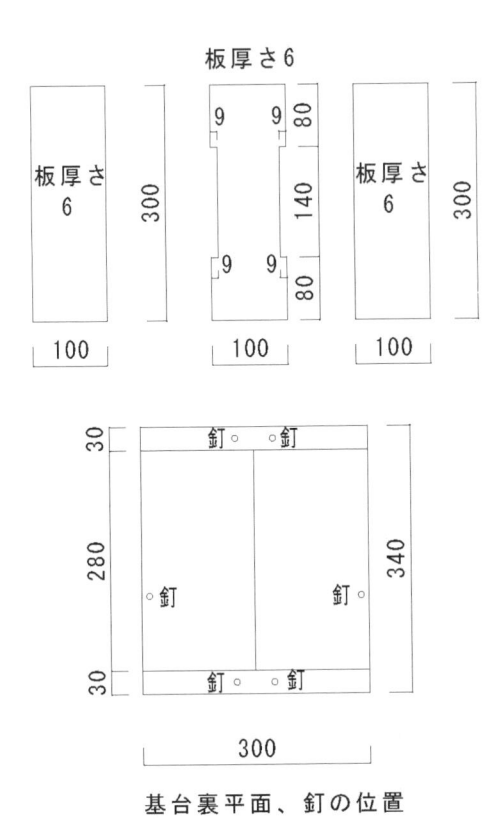

板厚さ6

板厚さ6　　　　　板厚さ6

300　　9　9　80　　300
　　　　140
　　　　9　9　80
　　300

100　　100　　100

30　釘　釘
280　　340
　釘　　釘
30　釘　釘
　300

基台裏平面、釘の位置

25　250　25
45
ステンレス又はアルミ釘
25
20
25
40
25
20
150　150　340

基台の斜視図

※数字の単位はミリ

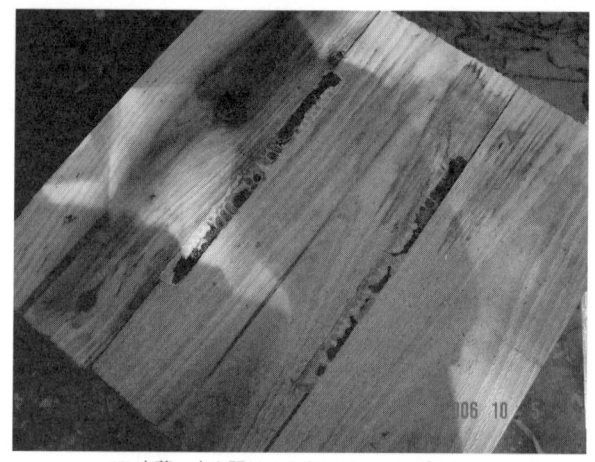

18. 中蓋。中を覗けるようにスリットがある。

るとき花粉を落とすので穴はあまり小さくできない。

　スムシを防ごうとして、人が掃除しやすいように抽斗を取り付けるなどしては出入りを不便にする。勢力のあるハチは、自分たちで掃除をするので人の助力を必要としない。

　ハチの出入りと掃除のためには、床は巣門と平面にあるほうがよい。ハチは出るときは巣板から床に飛び降りて巣門に向かう。

中蓋と蓋

　私は蓋の下に中蓋を置いている【写真18】。厚み6ミリ、幅10センチの板3枚を並べ、真ん中の板に幅1センチほどの覗き穴を付ける。蜜蓋の被り程度を調べたり、この上に給餌器を置いたとき、ハチが上がれるスリットにするためである。厚さ6ミリにしているのは巣門の高さを正確に6ミリにするためのゲージとしても使えるようにしたためである。

　中蓋の上に置く蓋は厚さ25ミリ、幅15センチの板2枚である。移動したり、分蜂群を捕える場合には、中蓋に重ねてネジ釘で上から重箱に固定する。

塗装は無用

　巣箱の耐久性を増すために、ペンキやクレオソートを塗ることは薦めない。ミツの濃縮作業のため巣箱の内部は湿度が高く、水分が板を抜けて外に沁み出している。ペンキを塗るとこの作用を阻害することになる。またクレオソートの臭いをニホンミツバチは嫌がるので、待ち箱にはならないし、収容しても逃げ出す。

3　検証：蜂洞、セイヨウミツバチ用巣箱、韓国式重箱、トップバー

　この本では重箱式による養蜂を中心に述べているのであるが、蜂洞、セイヨウミツバチ用巣箱、韓国式重箱についても紹介し、評価しておく必要があると考え、以下に述べてみたい。

　私は、トウヨウミツバチ養蜂に最も適した巣箱を追求してきた。世界ミツバチ研究会（アピモンディア）やアジア養蜂家協会の世界大会にはできるだけ参加し、その折、アジアの代表から巣箱の形を聞き出してきたし、自らも蜂場を訪れ調べたつもりである。結論は、どこにも全面的に参考にできる巣箱は存在せず、重箱式を超えるものはないと言いきれる。

蜂洞

　蜂洞による養蜂は全国的な広がりを持ち、それなりの歴史と伝統をもっていて、養蜂の技術も体系化されている。

　秋に限定して採蜜する地方が多い。春には幼虫がいるので採蜜できない。

　円筒形で肉厚、それに隙間が少ないのでスズメバチ対策と冬の保温には優れている。また、蜂洞は、ニホンミツバチの本来の住居である樹木の洞に似ていて、ニホンミツバチのイメージにも合う。

　丸太をチェンソーでくり抜いて作るのであるが、杉と檜は自然の立ち木の洞には入るが、生木をチェンソーでくり抜いた洞は、灰汁抜きをしないと入らない。花が蜜を出す雑木ならば乾燥が不十分でも入る。

　問題点は、丸太の入手が難しいこと、製作に時間がかかり、危険を伴うことである。作業は【写真19】のように丸太を寝かせて行うこと。両側から、切り込みが同じ位置になるように計りながら六角形に切り込む。六角形は七角形でも八角形でもよい。

　丸太の直径は35センチないし40センチほどが一般的であるが、肉厚を3センチほどにすると、内径は30センチから35センチになる。内径30センチだと高さは40センチほどが内容積として適当と考えるので、それを基準に、即ち、容積が30リットル前後になるように計算し、内径に対応した高さを決める。

19. 製作中の丸太洞。

チェンソーを通した後、芯は重いハンマーで抜く。そのあと内部を、チェンソーを横に振ってさらに削り、円筒に整える。

最後に、チェンソーの潤滑油を消すためと製作中にできるバリを取るために内部を焼く。耐水性を増すためと、結露したときハチが歩き難くならないようにするためでもある。炭化する程焼いたほうがよい。焚き火の上、あるいはガスコンロに洞を立てて、内側が燃え出す寸前まで焼き、水をかけて消す。バーナーで焼いてもよい。

一般に巣門は洞には切り込まず、下に石を噛ませるだけであるが、対馬式に倣って縦にチェンソーで3本切り込むこともある。チェンソーの歯の幅はオオスズメバチが入れない限界の8ミリであるが、ニホンミツバチが楽に出入りできる限界の6ミリにするほうが手間はかかるがオオスズメバチは付きにくい。

厚さ3センチほどの板を天井として被せる。底には木板かスレートを使う。雨を防ぐために適当なものを屋根として乗せ、風で飛ばないように石を乗せる。

採蜜は、蜂洞をひっくり返して、上に別の空の蜂洞か、三角帽のようにしたゴザを被せ、下の洞を棒で叩いてハチを上に追いやり、ハチの入った洞やゴザを静かに横に置き、ハチのいなくなった逆さの蜂洞の側部から巣板を半数外す。翌年は反対側から外す。巣板を外すのには、最初、一番端の巣板の側壁との固着部分をナイフで切って、むしり取り、そこから手を入れて、小さいナイフで隣の巣板を天井と側壁から切り離す。金棒の先を直角に曲げ、刃を付けた道具を自作している人もいる。箱洞より丸洞のほうが最初手を入れやすい。

作業が終わったら蜂洞を元に戻し、ハチを仮入れしている洞、ゴザを巣門の前に倒すとハチは元の蜂洞に歩いて戻る。

あちこちに蜂洞を置いている場合は、空の蜂洞を持ち歩くのは重いのでゴザのほうが良い。

巣板を半数採るのではなく、そっくり採ってしまう場合もある。ニホンミツバチのミツが高価だからである。特に赤ソバのミツはこのようにする。この場合は、ゴザを使うより、上に載せた蜂洞にそのまま家移りさせたほうが時間を短縮できる。

そっくり採ってしまった場合、この群れを死滅させないためには、セイタカアワダチソウの咲き始める前しか採蜜のチャンスはない。

蜂洞式の欠点を挙げれば、前述したが、春にはどんなに貯蜜があっても採蜜できないこと、採蜜にはハチを別のものに移さなければならず、時間がかかること、底がないうえに重いので運ぶのに難しいこと、分蜂群の収容に不便であること、などである。（対馬式は別）

これらの中で最も困難を感ずるのは、採蜜で蜂洞を逆さにした時、ハチたちはすんなり上に乗せた物に移らないことである。11月末が最適の時期であるが、それより早いとまだ幼虫がいて、ハチは幼虫から離れようとせず、女王も上がらない。12月に入ると幼虫はいなくなるが、寒さがハチに打撃を与える。

2段式蜂洞にすれば、上の洞から春と秋に採蜜でき、秋、強勢群からなら採り過ぎにはならないが、春は採り過ぎる恐れがある。3段にすれば重箱式と同じである。

九州では、阿蘇の南側は上述のように蜂洞を逆さにして採蜜する方式が多いが、北側では、蜂洞を立てたまま、あるいは横倒しにして上から行う地域が多い。桟がないものもあり、蓋を外したとき巣板が落下しにくいよう細長い巣箱になる。

セイヨウミツバチ用巣箱

ニホンミツバチをセイヨウミツバチ用巣箱で飼う場合のことを述べてみたい。

ニホンミツバチ用に、小型の巣箱と巣枠を自作するのはとても面倒である。どうしても巣枠式で飼いたい場合、セイヨウミツバチのラングストロス巣箱【写真20】の巣枠7枚入りの小型のものを使用するとよい。もちろん巣礎はトウヨウミツバチ用を張らなければなら

20. ニホンミツバチを入れるための小型のセイヨウミツバチ用巣箱と巣枠。

ない。入手できないならセイヨウミツバチ用でもよい。ニホンミツバチが自分たちで作り変える。

　巣枠の間隔はそのままでも使えるが、継ぎ金具を叩いて少しへこませるとニホンミツバチの自然巣の中心線から中心線までの間隔33.5ミリになり、8枚入るようになる。セイヨウミツバチの自然巣は37ミリであるが、巣枠は35ミリに作ってあり、ニホンミツバチ用には少し広い。

　ニホンミツバチは固まって球になり、その蜂球の中でほとんどの作業をする習性がある。そのために上端から巣板をつくり、貯蜜、産卵と下へ巣板を延ばす。ところが、巣礎を全面に張った巣枠を与えると、ニホンミツバチは巣枠の下端に固まり、そこから貯蜜と産卵を始め、上に向かって巣板を作っていくという不自然なことになる。ハチたちが作業中、隣の巣板へ移動するのに巣礎が邪魔になり、生活に不便である。そのため、分蜂群を入れても、逃亡することが多い。セイヨウミツバチの場合は最初、巣枠を3〜4枚入れ、仕切り板で、住む領域を一方に寄せ、ハチは巣枠の全面に広がるようにするが、ニホンミツバチをそのようにすると逃去してしまう。

　それで巣枠式にする場合、巣礎は最上段の線にかからない程度の4センチの幅に切ったものを上部に取り付ける。このとき、巣礎を巣枠の上辺の溝に入れ、蜜蝋を熱で融かして流し込み、しっかり固定する。

　巣枠の横線は普通3本あるが、下の2本は蜜蝋でコーティングしておく。

I　ニホンミツバチの巣箱を作る

　通気口が蓋に付いているが、ふさぐ必要がある。匂いが漏れるのをニホンミツバチは嫌う。通気口がないので、セイヨウミツバチのように日向に設置すると夏は内部の温度が上がり、巣板が融けることがある。
　巣枠式は内検用には便利である。しかし巣板を引き上げるためには、巣板は平面で、垂直でなければならない。全面に巣礎を張らずにこれを実現するのは難しい。どこかに凹凸ができ、空間（ビースペース）がどこも同じ間隙にならない。巣枠はできるだけ順番を入れ替えないことにしなければならない。
　巣箱の設置に際しては水準器を使って正確に設置しなければならない。巣礎を全面に張らずに、巣板を巣枠内に平らに作らせるには、垂直に成長する巣板に合うように巣枠を垂直に取り付ける必要がある。そのためには巣箱の左右方向は正確に水平でなければならない。巣枠が傾いていると、巣板が巣枠の中に納まらず、引き上げられなくなる。セイヨウミツバチの場合は、巣礎を全面に張るので、このことはあまり問題にはならない。
　また、ニホンミツバチはセイヨウミツバチと違って、隣り合う巣板間に補強のための橋を架けるのが普通であり、巣板を引き上げることができなくなる。そのときはその橋を切らねばならないが、ハチがいるので包丁は入らない。結局内検はできなくなる。ただし、秋には巣板が硬く丈夫になり、自ら橋は撤去する。
　すべての巣板に貯蜜が完成したら、上に継箱を継がなければならない。強勢群であっても10枚入りの普通サイズの巣箱には移さないで、継箱をしたほうがよい。継ぐ場合、巣板を半分に分け、育児房の多い中央部分の巣板は下に残し、両側部分を上の中央部分に持って行く。
　採蜜は継箱からしか行わない。
　この方式は、遠心分離器にかけることを目的にしている。確かに遠心分離器でミツの分離を行うのが、最も手早く、澄んだミツを得る方法であるが、春の採蜜では、新分蜂群の巣板は柔らかいうえに巣礎が全面にないので、壊れやすく、さらに幼虫がいると飛び出すので回転スピードに細心の注意が必要である。
　ニホンミツバチ養蜂に巣枠式が効果を発揮しないのは、ニホンミツバチは古い巣板を産卵用に使わないからである。越冬中には蜜巣房を壊しながらミ

ツを食べ、同時に新しい巣板を作り、そこに卵を産む。分蜂が終わると再びハチたちは古い巣板の撤去に取りかかり、新しい王国を作ってゆく。セイヨウミツバチのように同じ巣板を複数回使うようなことはしない。

　さらなる巣枠式の問題点は、採蜜の終わった空の巣板を元に戻すと、そこにはハチもおらず蜜もないので、スムシには絶好の繁殖場になり、スムシが爆発的に増え、その勢いを駆って全体に侵食域を広げ、強勢群をも全滅させることである。ニホンミツバチの巣板はセイヨウミツバチのそれに比べてスムシに好まれる。

　巣枠式の採蜜のタイミングは、5月に咲き始めたレンゲか雑木（主に椎）の蜜で勢いづき、貯蜜がピークになる梅雨前の6月上旬と、セイタカアワダチソウが咲き始める10月10日前後しかないことになる。

　その頃ハチは大量の貯蜜を開始するので、空巣房を放置することはなく、スムシと場所取りの競争をしながら、2週間くらいで蜜を満たす。上記の時期が、巣枠式がスムシにやられない2つのタイミングである。

　しかし、自然の状態で飼う場合、同じ巣板を2回も続けて使わねばならないほど集蜜する群れは上記の流蜜期であっても、全体の1割もないのではないだろうか。

　蜜源植物を栽培し、商業的に飼うのであれば巣枠式が最良であると思うが、そうなると、ニホンミツバチ用巣箱と巣枠の形式とサイズを新たに開発し、巣礎も、食用にして問題ないように純粋ニホンミツバチ蜜蝋製の、もっと薄いものにする必要があろう。

　巣枠式の利点として内検がし易いとも言われるが、ニホンミツバチは巣枠を引き上げてまで行うほどの検査事項はない。ミツの貯まり具合は重箱式の中蓋のスリットを覗けばよいし、王台の着き具合は下から覗けばよい。

韓国式重箱

　2006年6月に訪韓し、忠清北道と慶尚北道の山岳地帯を走り回って韓国のトウヨウミツバチの飼われ方を調べた。韓国ではトウヨウミツバチは韓蜂（ハンボン）と呼ばれている。土蜂とも呼ばれる。（ついでながら、中国では中華蜂、略して中蜂、韓国と同じで土蜂とも呼ばれている。他のアジア諸国ではどう呼ばれている

か調べていない。フィリピンについては、前著54ページを参照）

　幸い、韓国には日本語教師をしている友人がいるので、彼に韓蜂を飼っている人を探してもらい、出かけることになったのである。

　重箱の内寸は180×180ミリで高さが90ミリ、容積は約3リットルである【写真8】。私のは250×250×125で約9リットルなので韓国のものは、かなり小さいことになる。巣門のついた基台は重箱と同じサイズであり、それも含めて最高10段重ねたものもある。細長く、見た目は不安定である。貯蜜が多いときは1度に2段切り離すとのことであった。

　桟は3段に1段の割合で、井の字型に針金が張られている。底には通気のためメッシュが張られ、冬には板を押し込み塞ぐ。

　35年前から使い始めたということで、その前は、地方によって様々な巣箱があったようである。蜂洞は丸太を縦に4分割し、中を割り取り、再び合わせて針金で縛って作ったということである。昔の蜂洞が残っていないか尋ねたが無いという返事であった。思い出しながら描いてもらったが、やはり日本の蜂洞より細く長かった。韓国は昔、オンドル用に木を伐ったので、木が太くなる年月がなかったのではないだろうか。

　角洞も描いてもらった。板4枚で箱にして、回りを針金で縛る。隙間には黄土の粘土を詰めるということであった。

　韓国の重箱式が細長いのは蜂洞の名残ではないだろうか。

　文献に、韓国の巣箱として対馬式と同じものが出ているが、対馬の巣箱が細長いのも関係がありそうである。

　重箱式に替えた理由は、採蜜が容易だからということであった。重箱式は誰が最初に使い始めたのかと尋ねてみたが、知っている人はいなかった。

　以前、慶尚南道の韓国の友人に「円錐形の泥製で最上端は丸く開いていて、そこに稲の束を被せた巣を昔見たことがある」と聞いたことがあるので、尋ねてみたが、知っている人はいなかった。韓国も昔は地方によって様々な巣箱が使われていたらしい。

　韓国で韓蜂を飼っている人は数人であろうということであった。低地は土地開発と農薬で、セイヨウミツバチ養蜂家も皆無になりつつあるなかで、高

21. 韓国式重箱の中のミツ。巣板は5枚しかない大きさである。

地の山中で韓蜂養蜂に取り組んでおられた。合計300群を持っておられるとのことで、家の近くの蜂場には100群が置かれていた。菜の花をできる限り植えることにしているとのことであったが、それにしても巣箱が多すぎる。巣箱の最下段は給餌器を入れることになっているが、相当の量の給餌がなされていることが想像できた。

ミツは【写真21】のようにして巣蜜として保存されていた。この巣蜜の場合、1キロ日本円にして4万円ほどの値段が付いていた。分離したミツだと2万5千円であった。日本では1万円だと言うと、自分に卸してくれと言われた。

見てわかるとおり、巣箱は巣板を平行に入れたら5枚しか入らない幅である【写真21】。冷凍保存ではないようだったので、スムシに浸食されないのか尋ねてみたら、意外な質問だったらしく、しばらく考えてから答えが返ってきた。11月に採蜜するので、気温は氷点下であり、屋外に1晩放置するのでスムシは卵ごと死滅するのだろうということであった。

現在使われている韓国の重箱式を評価してみたい。

秋にしか採蜜はしない。11月中旬から下旬に行う。

春に採蜜しないのなら細くする理由がない。細くするのは、幼虫がいても採蜜に便利だからである。「細長いと、冬の寒さの強い韓国の高地では保温に不利である。もっと太く低くしたほうがいいのではないか」と、言うと、「そんなこと思ったこともない、昔からこの形である」という返事であった。

この形を変えないのなら、春にも採蜜してよいのではないかと思う。韓国でもセイヨウミツバチは春に採蜜しているのである。梅雨が長くないので、春の採蜜は日本より有利だと思うのである。それに韓国にはセイタカアワダ

チソウがないので秋の採蜜でハチが受ける打撃は大きいはずである。

　重箱それぞれの内容積が少ないと、小刻みに採蜜するのには便利であるが、実際には、そのような採蜜はしないものである。ハチはミツを貯める群れと貯めない群れの２種類しかおらず、貯めない群れからは一切採れないし、貯める群れからは、１回でこの重箱の２段分以上が採れる。だから重箱の高さを小刻みにしても意味がないはずである。

　段数が多い分、重ね部分の隙間も多くなり、スズメバチとスムシの蛾を引き付けることになる。そのためガムテープで塞がねばならず、見かけも悪い。

　底をメッシュにしなければならない理由があるのかどうかも疑問である。内部の温度を上げないための通気用であろうが、韓国の山岳地で、それほど気温が上がるとは考えられない。それに縦長なので底だけ開いても換気が良くなるとは思われない。

　実は、私も以前同じことを思い付き、試したことがあるのだが、オオスズメバチをメッシュの下に呼び集め、やがて巣門からの攻撃につながらせることになった。

　最下段は給餌器を入れるためでもあるという説明であったが、床に給餌器を置くのはよくない。盗蜂や蟻を招くだけでなく、働き蜂が出巣する際飛び降りることができなくなる。

トップバー

　発展途上国ではトップバー式が多く試みられている。精巧な木工設備を要しないからである。巣枠の代わりに巣箱のトップにバーを並べる方式である。私も試みたが、ニホンミツバチには不適であることがわかった。

　巣板の両端が巣箱に固着しては用をなさないので、巣箱の両サイドは下が狭まるように傾斜させなければならないが、そうすると巣箱を縦に重ねることができなくなる。

　トップバー式巣箱は横長であり、群れの成長に従って横方向にバーの数を増やしてゆく。この方式は、１つの蜂球の中では子育てをしないセイヨウミツバチには問題は起こらない。だが、縦長の木の洞で進化したニホンミツバチには横長の巣箱は不便である。

4　理想的な巣箱の要件

照葉樹林とニホンミツバチ

　トウヨウミツバチは、アジアの照葉樹林の中で進化してきたと考えるのが自然であろう。人類が農業に従事する以前からの原始の照葉樹林である。住処は樹木の洞が主だったに違いない。上を向いて止まるニホンミツバチにとって円筒形の洞の中は蜂球の納まりが良く、貯熱にも効率がよい。蜂球の中で幼虫を育てることで寒冷地にも進出できたと思われる。また、蜂球を保つためには上を向いて止まるほうが楽である。セイヨウミツバチのように下を向いたのでは蜂球の重さを支えるのは難しい。

　トウヨウミツバチとその亜種であるニホンミツバチにとっては、縦長の円筒形が理想的な住処であると考えざるをえない。

　蜂球は、巣板の成長と共に上から下へと下ってくる。また越冬中はミツを体温で柔らかくして消費し、巣板を壊しながら、蜂球は下から上へと上がってゆく。

　床下などの自然巣を下から見ると、円形で巣板は8～9枚である。正方形に直すと7枚が平均的な大きさということになる。7枚が納まる幅は25センチである。

　暑さと寒さ、スズメバチ対策も含めて考えると、入り口の小さい立ち木の洞がハチにとって最も理想的な住居であることがわかる。板で作る人工巣箱でそれに近いのは断面が正方形の筒である。

　ついでに述べると、セイヨウミツバチが下を向いて止まることの利点は、アフリカの熱気の中で巣板を冷却するには空気は下から上に向かって送ったほうが空気の流れに逆らわないので効率が良いことであろうか。

　私はこの20年間、ニホンミツバチの飼養にとって最も理想的な巣箱を追求してきた。その結果、これまで述べてきたサイズの重箱式に到達したのである。

　この重箱式が、アジアの途上国でも簡単な道具、例えばノコとナタで作れ

る巣箱を目指してきたが、それは難しい。オオスズメバチを誘わないように、重箱と重箱の重なる接触面に隙間ができないように精巧に作るのがかなり難しい。

　中国や韓国でも重箱式は見かけるが、サイズが確定していない。

　直径30センチ以上の丸太を輪切りにして、中をくり抜くと重箱式が作れると考えられる。チェンソーだけで作れる。

湿気対策

　巣箱内部には湿気の問題がある。蜜を濃縮すると内部は湿度が高くなる。その湿気をどのように抜いてやるか。湿気が高いと蜜の糖度は上がらず、巣房の中で発酵する事態も起こる。セイヨウミツバチの巣箱のように通気口が取り付けられたら解決するのであるが、スズメバチ対策とは両立しないことは述べた。しかし原始からの自然巣のことを想像してみると、両立していたことがわかる。樹齢の高い原始林の洞の場合、一般に上方にも洞は細く伸びていて、そこを通して湿気は抜ける。スズメバチが見つけても、暗いトンネルを下るのは難しい。歩いている間にミツバチに捕まってしまう。

　人工巣箱では、ハチは巣門から空気を取り入れ巣箱内を循環させている。そのやり方に任せてよいことなのかもしれないが、できるだけハチに負担をかけないためには、湿気を吸収しやすい材料が良いことは当然であろう。木材では、杉が安価でもあるし最良である。素焼きで円筒形の重箱も検討してみたが、重くて、壊れやすく、コスト高になることがわかった。コンクリートだと安価にできるが、冬には冷えやすい。

　竹で編んで泥を塗る方法で試作してみたが、とても時間がかかった。私は田舎育ちで小さいときから竹細工を仕込まれており、なんとか作ることができたが、竹細工は、師匠に付いて修行しなければならないほど難しい。特に、竹を一定の幅、厚さに削げるまでには、かなりの習練が要る。もはや日本では大量に製作することはできない。

　重箱式で、夜濃縮活動のため羽音が巣箱の外に聞こえる活発な強勢群に対して、上部から湿気が抜けるように、重箱1個を給餌の時のように逆さにして、桟の上に吸湿性の高い羊毛のセーターを詰め込む方法を試してみたこと

がある。巣箱内の結露現象がなくなり、水が巣門から出なくなったので、蜜の濃縮にも効果があったはずである。しかしこれは天井からミツの匂いが漏れるので、スズメバチと盗蜂を呼ぶことがわかった。

II ニホンミツバチを捕える

分蜂したニホンミツバチを捕える。

1　分蜂と待ち箱と捕獲

分蜂の手順

　九州の低地での分蜂は普通3月下旬から5月上旬までである。一般的に強勢群から開始し、集中するのは4月の1カ月である。
　2月から5月までの日照時間が流蜜を支え、分蜂数と蜂数の増殖を促す。
　5月の日照時間が多いと孫分蜂や弱小群の分蜂も起こり、梅雨の始まるまで散発的に続く。逆に5月に多雨だと、分蜂したのに蜂数を増やせず消滅する群れが多くなる。分蜂は気温と流蜜の条件が揃うといつでも行うと考えたほうが良い。赤道近くの常夏の国では、トウヨウミツバチは年中分蜂をしている。
　天気の良い日に5千匹から1万匹が巣箱を飛び出し空中を舞う【写真22】。生まれて間もない飛揚力の弱いハチもいるためか、普通は気温が18℃に上がるのを待って飛び出す。9時から3時の間である。しかし、流蜜が豊富で勢力が強いと寒風の中12℃で飛び出し、地上の茂った草の中に蜂球を作ったりする。天候が回復するのを待っていては、次に生まれてくる女王を殺さなければならなくなり、それを避けるためと思われる。
　分蜂の日は、通常午後からしか出ない雄バチたちが、8時過ぎに巣門に出て騒ぐのでわかる。
　分蜂が終わると、残ったハチたちは、分蜂騒ぎで温度の上がった巣箱内に風を扇ぎ込んだり、ひと仕事終わったという感じでリラックスし、ひと時、お互いで羽繕いなどして過ごす。

　分蜂した群れは近くの木の枝などに一時的に固まっているが【写真23】、捜索ハチが新しい居場所を探しに四方八方に飛び出し、誰かが見つけると、帰ってきて、他の捜索ハチにダンスで知らせ、そのハチも確認に出かけ、気に入ったら帰ってきて同じダンスをし、多数が気に入ると移転する。
　分蜂後すぐ見つけて移転を決定し、分蜂球が枝に固まってしまう間もなく

移転を開始したりすることもあるが、1週間も見つけられず、見つけても決定までにさらに1週間かかったりすることがある。多数で探すので、同時に複数見つける場合が多く、比較検討に時間がかかる。捜索ハチ全員が意見一致に至るのはなかなか難しい。

意見は一致したが天候が悪くなり、そのまま気温が何日も上がらず、移転できない場合もある。

移動の時間帯も9時から3時の間である（夏の孫分蜂だと早朝から夕方まで）。また、移動を決定したのが3時以後だと移動は翌日に延ばす。

22. 分蜂飛揚。凄まじい羽音である。

23. 分蜂球。荒い樹皮で水平に近いところに下がりやすい。

2つの待ち箱が隣り合わせにあると、捜索ハチのダンスが同じなので、全ハチが現場まで飛んで来てから、女王が入ったほうに決まる。このときだけは女王に決定権がある。しかし女王が入らなかったほうを選んでいた捜索ハチたちは気分を害するのか、あるいは人間が女王を取り上げたと思うのか、近くの人間に八つ当たりをして顔に体当たりをすることがある。近づかないほうが良い。

しかし一般的には、少数の例外はあるが、大騒ぎしている割には温和である。飛び交うハチは顔に衝突しても刺したりはしない。

一般に、初分蜂群は分蜂から移転までに時間がかからない。土地鑑のある

捜索ハチが多いからかもしれない。すぐ収容しないと逃げられてしまう。20％くらいの分蜂群は遠くへ（500メートル以上）移転したがる。近くに空き巣箱があっても入らない。過密や近親交配を避けるためと思われる。

　普通の群は300メートル以内のところに移動する場合が多い。渦巻きのように回転しながら移動してゆく。しかし時には一瞬にしてどこか遠くへ直線的に飛び去ることがある。後述するが、分蜂群の中には近くの枝に固まることなく、いきなり遠くに飛び去るのもいる。そして遠くの枝に止まるのである。

　最高どれほど遠くまで行くのか確認するのは難しい。働き蜂の最長行動半径である2.2キロまでは移動すると考えたほうがよいであろう。

　待ち箱にやって来る捜索ハチの中には花粉を付けたままのもいるので、捜索は外勤バチの役目であることがわかる。また時には雄バチが連れ立っていることがあるが、その理由はわからない。

待ち箱の匂い付け

　ハチを呼び込むのに最大の武器は巣箱内部の巣板の匂いである。大きさと形の同じ待ち箱を複数並べて置くと、匂いの強いほうから選ぶ。匂いを付けていないと、なかなか捜索ハチは見つけてくれない。

　営巣経歴のある古い巣箱があれば、内部に巣板の匂いが残っているので、そのまま待ち箱として使える。

　冬に倒れた巣箱も使える。気温が低いのでスムシが荒らしていない場合が多く、捜索ハチは優先的に選ぶ。

　新しい巣箱を使う場合は匂い付けが必要である。前年、ミツを分離したあとの巣板、すなわち粗蝋を冷凍保存しておき、それを一つかみ巣箱に入れる。捜索ハチが容易に見つけてくれる。熱で溶かし、刷毛で巣箱の内部に塗りつける人もいるが、入らなかった場合カビが生える。天井にこすりつける程度にする。

　粗蝋の保存は、牛乳パックに押し込んでレンジで溶かして固めておくとよいが、手間がかかるので、分離した後すぐにビニールのごみ袋を二重にしてその中に入れ、密封し、太陽にさらし、スムシを熱殺すると、そのまま保存

できる【写真24】。

　ニホンミツバチの粗蝋が入手できないときは、セイヨウミツバチの巣板でも役立つ。養蜂器具店にセイヨウミツバチ用の巣礎を注文して、それを使う。パラフィンが混入されているが無いよりましである。

待ち箱の設置

　3段重ねを1基とする。大木や建物の傍、崖の下、山際に置くと良く入る。平坦な土地の真ん中や、夕陽が射したり、湿気の多い場所は嫌われる。

　待ち箱から1キロ以内に巣があったらたいがい見つける。まず1匹の捜索ハチが見つけると、だんだん増えて、高い羽音で内部を点検する。意見が一致すると一旦羽音を落とし、大部分のハチは戻る。30分くらいすると、轟音を立てて1万匹ものハチを引き連れてやってくる【写真25】。8割ほどが入ったところで女王が入る【写真26】。

　女王が母女王だと、新しい

24. 粗蝋、すなわち、ミツの搾りかすをビニール袋に密閉し、太陽熱で溶かし保存する。

25. 待ち箱に分蜂群がやって来た。

26. 女王蜂（左手前、腹の黒い蜂）が待ち箱に入るところ。

27. 雄蜂の幼虫巣房の蓋。真ん中に穴がある。

28. 雄蜂たち。

巣箱を見つけるのも早いが、見つけたあと入ってくるのも早い。娘女王の群はどちらも時間がかかる。

　ハチは待ち箱を見つけたら必ず入るわけではない。たとえば、自宅に置いている空の巣箱に捜索ハチが4日も5日もやって来て調べた後でとうとう来ない場合もある。別の場所を見つけて、そちらに行ったのである。待ち箱にやって来る捜索ハチの数が、日を追っても増えない場合は対策を考えないと候補から落とされてしまう。

　ハチが気にいらない待ち箱の条件は正確にはわからないが、隙間があったり、木材に生木の匂い、その他薬品の匂いがあったり、湿っていたり、陽の当たり過ぎなどが考えられる。よく失敗するのが、雨が待ち箱の内部まで沁みて濡らすことである。内部が湿ると巣板が固着しないためか入らない。それと、日射で巣内の温度がひどく上がることである。

　捜索ハチの数が増えていくなら、気長に待てばよい。前述のように10日目にやって来たりする。その10日間は断食をしているわけで、捜索ハチの腹がだんだん小さくなってゆくのがわかるし、やって来て空を覆う群も空腹のため羽音に力がない。

29. 巣板の下端にある王台。　　　　　　　　　　30. 孵化直前の王台。

　待ち箱は、できるだけ地面に近い所に置いたほうが見つけやすい。匂いは地面に沿って広がるらしく、捜索ハチは大木や建物などを上から下へと探し、地面に着いたとき匂いがあると地面に沿って匂いをたどる。しかし住むのにも地面に近いほうを好むというわけではない。

分蜂の予知

　持ち主のいない間に分蜂した群れは、その蜂場の空き巣箱に入るのが普通であるが、中には入らないのがいるので、分蜂が近いかどうか前もってわかれば捕獲の準備ができるので便利である。

　それを知る方法を述べる。巣門の前に真ん中に穴のあいた雄蜂の巣房の蓋が出るようになると【写真27】、10日ほどで午後になると黒くて少し大きい雄蜂が出入りするようになる【写真28】。さらに10日ほどで分蜂が始まる。噛み屑が巣門の前に出されるようになっても分蜂が近いことがわかるが、強勢群だと巣門前に出さず遠くに運ぶのでわからない。正確に知りたいなら、巣箱を傾けて下から王台を調べるとよい。しかしこの時期、巣板が柔らかく折れやすいので、私はこのやり方は勧めない。

　もしも巣箱を傾けるときは、重箱同士がずれないように側面を板で固定し、巣板が縦になる方向に傾ける。傾けるのは垂直に45度程度までである。

　巣板の先端を吹くと、ハチはそこを離れるので王台がいくつか見えるはずである【写真29】。普通は7〜8個見えるはずであるが、しかしその数だけ分蜂があるわけではない。流蜜の状況と天候に応じて女王は巣箱の中で間引き

される。

　先端がピーナツの皮の色をした繭【写真30】が見えたら、新女王の誕生が近く、母女王の分蜂も近い。

　最初の分蜂から2回目の分蜂までは、4日ないし10日あり、その後は1日おきに分蜂する。

　雨だと普通は順延する。晴れるのを待っている間に次の女王が出房しそうだと女王が妹女王を刺し殺す。後は、働き蜂が王台の側面を噛み破り死骸を処置する。

　流蜜が豊富な年に起こるが、3日連続分蜂することもある。気温が十分に高くないのに、あるいは雨なのに分蜂することもある。寒い時は高い木の枝に取り付かず、地面の草などに固まる。

　2回目以降の分蜂が晴れた日を3日もあけてないなら、その群れの分蜂は全て終わったと考えてよい。

　分蜂は終わったと思えるとき下から覗くと、側面を噛み破られた王台が目に付くはずである。このようにして分蜂の数を調節するので王台は最初から多めに作っている。

　雨天が続くと生まれようとする女王は次々に殺され、女王不足になり、雨天後の分蜂が巨大群になったりする。

ハチ受け

　分蜂すると近くの木の枝に一時的に集まるが、足がかりのよい枝が近くに見つからないと離れた所や、高い枝に固まるので収容が困難になる。それで、枝の代わりを作ってやる。

　私は30センチ平方の板にシュロ縄を密に巻いたものを使っている【写真31】。板は広いほどよい。その表面に巣板をこすりつけて匂いを付ける。それを近くの庭木や軒先などの、分蜂球を巣箱に移すのに容易な高さのところに吊るす。シュロ縄は園芸店にある。

　巣箱に収容する方法は、下2段の重箱の中に、ハチを振り落とす。落としたら蓋の付いた最上段の重箱を静かに被せる。被せたらハチは瞬時に大人しくなる。

1回で固まらない蜂球

　分蜂群が飛び出したのに女王が付いて出ず、群れが元の巣箱に戻ることがある。それを数回繰り返した後、分蜂を翌日に延期することもある。女王に心の準備ができていないらしい。こんな群れ

31. ハチ受け。粗蝋をこすりつけておくと容易に見つける。

は分蜂球を作って30分たってもざわめきが収まらない。慌てて収容すると女王が入っておらず、ハチは元の巣箱に戻る。それだけならよいが、すぐに遠くへ移すと、すべてを失うことになる。

遠くへ行きたがる分蜂群

　分蜂しても、近くに空の巣箱がいくつもあるのに見向きもしないで遠くに探しに行く群れがある。分蜂球を見つけたら近くの空の巣箱を観察し、捜索ハチが来ていないようだと、すぐ収容して遠くへ運ぶ。元巣の近くに設置すると、そこに落ち着くのもいるが、翌日あるいは2～3日後逃亡する場合が多い。

　近くの巣箱に入らないのは、単に巣箱が気に入らないというより、分蜂する前から過密を避けるために遠くへ移動するつもりでいたのだと考えたほうがよい。

　ハチたちが空き巣箱を調べていたかどうか確認しないまま収容した場合は、翌朝必ず働きに出ているかどうか調べる。すーっと飛び出し、帰ってきたらすーっと中に入るようだと大丈夫である。

　もし、働きに出ていないようだと、10時ごろには逃げ出すから、2キロ以上離れたところに移すか、巣門を閉鎖し、先に出た捜索ハチとの接触を絶ち、2昼夜放置する。

　また、いきなり遠くに飛んで行く群れがある。蜂球を作り始めたのに、そ

れを取り止め、一直線にあっという間に飛び去るのである。巣箱を出る前から、行き先を決めないまま、ただ遠くへ行くことだけを打ち合わせていたとしか思えない。こんな場合、100メートルくらい離れた所に分蜂球が見つかることもあるが、収容して元の蜂場に戻すと再び逃げられる。

　それで私は分蜂群を収容したら、近親交配を避けるためにも、全てできるだけ2キロ以上離れた所に移すことにしている。

　しかし、近親交配のことはそれほど神経質になることはないとも思う。女王は身体が大きいのでそれほど遠くまでは飛ばないと思うが、雄蜂は働きバチより遠い範囲を飛び回るからである。巣箱を2.5キロ移したことがあるが、雄バチだけが元の場所に帰って来たことがある。

　街に住む友人から、「ハチが下がっている」と連絡があり、庭木や軒下から収容することがあるが、どんなに探しても近くに元巣が見つからないことがある。駆除業者も（セイヨウミツバチの養蜂家の場合が多い）ニホンミツバチを駆除するとき元巣が見つからないことが多いと言っている。

　私は街の中でニホンミツバチの群れが頭上を「シャーッ」と一瞬に、直線的に過ぎ去るのを見たことがある。普通分蜂群は渦巻きながら飛ぶものであるが、このときは相当遠くへ飛んで行ったとしか思えなかった。

2つの球に分かれた分蜂群

　複数の蜂球がお互い近くに下がることがある。偶然に別々の群れであることもあるが、中には蜂数があまりに多すぎて、1つの分蜂球では重くて下がれないので分かれて下がる場合がある。それが時には10メートル以上も離れているときがある。蜂数の多くなる初回分蜂にありがちであるが、最終分蜂にもよく起こる。数日続いた悪天候の後でも起こる。

　女王が入った蜂球は落ち着いているが、入っていないとざわついている。時間経過とともに女王のいるほうにハチは少しずつ移るので、そちらが大きくなる。女王のいるほうを収容すると、天気が良いと、もう一方はすぐ入ってくる。しかし、夕方とか気温が低いと直ぐには合流せず、複数の巣箱から出たものだと思い込んでしまう。どちらなのかわからないときはそれぞれ別の巣箱で収容し、お互い近くに設置する。1群であれば翌日気温が上がって

から自ら合流する。

　最終分蜂では、蜂数が異常に多くなることがあるとは前述したが、逆に極端に少なくなることもある。理由は同じで、限られた空間である巣箱に残るほうの蜂数を優先的に決めるので、間引きを逃れた最後の女王に割り当てられた働き蜂の数が、平均的でなくなるからのようである。

　どちらの場合もその群れの最後の分蜂だと考えてよい。

2回に分けての分蜂もある

　分蜂があって蜂球が固まった後で、再び同じ巣箱から蜂群が出てきて最初の蜂球に合流することがある。早ければ数分後、遅いときは翌日だったりする。2回に分けて分蜂したわけである。巣箱に収容した後、後の群れが出てくることもあり、この場合、後の群れは蜂球を作ることなく先の群れの巣箱に入って行く。

　ところが、稀な例であるが、後から出た群れが空中を乱舞しているとき、最初の群れも蜂球を解いたり、収容した巣箱から出たりして後からの群れと合流し、そのままどこかに飛び去ることがある。

　女王はどちらの群れに入っているのか確認することはできないが、最初の群れに入っていると仮定すると説明が付く。分蜂側になることを希望していた外勤蜂が、働きに出ている間に分蜂があり、戻ってきてそれを知り、後追い分蜂をしたと仮定するのである。

　また、もし最初の群れに女王が入っていなかったと仮定すると矛盾が起こるような気がする。女王がいないとハチたちは1時間と我慢できず、元の巣に戻るからである。

出るか残るか働き蜂の選ぶ権利

　どうやら分蜂の計画、決定、実行の主導権は外勤蜂が握っているようで、遠くへ行くかどうかも外勤蜂の過半数の意向で決まるようである。また、個々のハチは行くか残るかを自分の意思で決めているようである。仕事は日齢によって決まっているので、残った場合、妹たちが生まれてくるので、慣れない次の仕事に移らなければならなくなる。分蜂群に加わったらこれまでの仕

事を続けることができる。どちらが充実感をもって仕事ができるか考えるようである。

　どちらにするか、土壇場になっても決めかねている者もいるようである。分蜂が終わったのに巣門で固まっているので、人が手で掬って蜂球あるいは新しい巣箱に連れてゆくとそちらに入る。

　分蜂直後は自分の所属が明確でないらしく、複数の群れが同時に分蜂した場合、自分の蜂球がどれだか分らなくなって混乱する。並んだ２つの待ち箱にニホンミツバチとセイヨウミツバチが同時に入ってきたことがあるが、お互い３分の１くらいが隣に迷い込み、そのままそこに居付いたこともある。

仕事分担別の蜂数のバランス

　ニホンミツバチの分蜂は、必ず１度蜂球を作って下がるという儀式を経なければならないようである。

　１つの巣箱の中では、それぞれのハチには専門の仕事分担があり、その仕事の種類は、日齢によって変わっていくのであるが、分蜂球の中でも、その各分担の蜂数のバランスは取れるようにしているものと思われる。そうでないと新しい王国は機能しないであろう。

　駆除業者から昼間捕獲した分蜂群をいただくことがあるが、育ったためしがない。捜索に出た働き蜂を放置したまま持って来たからと思われる。

　セイヨウミツバチでも、人工分蜂より自然分蜂のほうが立ち上がりが良いと言われる。

勢力の強弱

　初回分蜂群は一般的に大きく、２年目母女王の率いる群れである。

　しかし時には小群もいる。３年目女王の群れ、あるいは弱小群の１カ月遅れの分蜂である。重箱２段に収容してよい。ほとんど梅雨までには倒れる。

　初回分蜂に限って言うと、女王蜂の繁殖力はその分蜂球の大きさに比例する。ハチたちはすべて女王蜂が産んだのであり、多産な女王はそれだけ多くのハチを引き連れている。

　しかし２回目以降の分蜂群は、その分蜂球の大きさと女王蜂の繁殖力とは

全く関係がない。拳ほどの群でも日時の経過とともに巨大群に成長する場合もあれば、重箱1つに納まりきれないほどの大群がだんだん数を減らし秋には消滅することもある。ただ、最初の数が多いと集蜜力が大きく、出だしが有利になるのは間違いない。

分蜂群の大きさがいろいろあるのは、後に残るハチ数を適切にするという観点から決まるからのようである。

群れの盛衰は環境に影響されるのは当然であるが、女王が優れているかどうかにもよる。これは生まれつきではなく、どれだけ多くの雄と交尾したかによるのかもしれないが、ともかく最初から決まっている。

私は、群れの強弱は働き蜂の腹部の大きさで判断するが、分蜂群が将来強勢群になるかどうかも、分蜂時の蜂数ではなく、巣箱に収まった後の腹部の大きさで判断することにしている。分蜂時少数であっても、働き蜂の腹部の幅が胸部の幅より大きいと将来多数群になる。弱小群の腹部は最初から四角い感じで小さい。

ハチの腹部が小さくなったと感じたら流蜜の減少と女王蜂の産卵力低下を疑う必要がある。

収容の際に注意すること

人が初めて分蜂を経験するときは、そのすさまじさに度肝を抜かれるが、ハチはいたって温和である。分蜂球を扱う時は落ち着いてゆっくり行う。このとき手荒く扱うと攻撃的な群れになる。

分蜂群が枝に蜂球を作ったら落ち着くのを待って収容する。女王が入るまで蜂球の表面はざわついている。慌てて収容すると女王蜂を取り逃がす。女王は時には球から離れたところに単独でいることもある。後から球に入り、入ると全体が静かになる。

蜂球が落ち着いたのに30分以上放置しておくと、新しい居場所を探しに捜索ハチがつぎつぎに飛び出すので、収容しても、その捜索ハチの帰還を待たねばならず、すぐには移動できなくなり、夜を待たなければならなくなる。

収容して20分経つと、取り残された少数のハチもほとんど入ってしまうので、巣箱はすぐどこへでも、どんな距離であっても、予定の設置場所へ移動

32. 分蜂球を巣箱に移す。

33. 「新しい住処が見つかったよ」と仲間を呼んでいる。

34. 分蜂球捕獲用袋。

できる。もしさらに取り残しがあっても元の巣に戻るので心配はいらない。

設置予定場所が、最初に下がったところから10メートル以内だと、収容してすぐそこに持って行ける。

3つの収容方法

①分蜂球が低い所に下がっている場合は、重箱式の巣箱の下2段に底の付いた基台を付け、分蜂球の下に持っていき、新聞紙か柔らかい刷毛などでゆっくり分蜂球を枝から引き離し【写真32】、箱の中に落とし込み、蓋の付いた最上段を被せる。そのまま近くに置くと、取り残されたハチたちは次々と中に入り始め、入る前に巣門で尻を空に向けて羽を扇いで集合フェロモンを放出し【写真33】、仲間に新しい場所を教える。運悪く、女王が取り残された側にいると、ハチたちは巣門から出て、元の枝に戻る。

女王は最終的には蜂球の真ん中あたりに移るので、分蜂球が落ち着いていれば、1回

目で収容でき、残りは結局自分から入ってくる。

②高い枝に集まったときは、丸く広げた針金ハンガーにビニール袋をガムテープで取付け、昆虫捕獲網のようにし【写真34】、竹竿などにガムテープで取付け、分蜂球をすくい取り【写真35】、巣箱の中に流し込む【写真36】。取り残しは元の場所に集まるので再び取り、巣門の前に落とすと、自分から巣箱の中に歩いて入っていく。

③最後の方法は、分蜂球の真上、あるいは横に蓋付きの最上段の重箱を置き、分蜂球の下端か、もしくは横からダンボールか重ねた新聞紙でゆっくり圧力をかけ、ハチを重箱の中に追い込む【写真37】。半数以上が入ったら後は自主的に入る。30分から1時間かかる。入ってしまったら静かに下段の重箱の上に重ねる。

この方法は、下にうまく落とせない場所に固まった場合に行う。箱の内壁に粗蝋を擦り付けて匂いを付けると、入るのに時間を短縮できる。取

35. 高所の分蜂群を捕える。

36. 捕えた群れを巣箱に入れる。

37. 低いところの分蜂球は下からゆっくり圧力をかけて追い上げる。

り残しが出ないのが長所であるが、箱をうまく枝の上に固定するのが面倒なのと、時間がかかるのが難点である。しかしできればこの方法を採ることを勧める。人間に対する恐怖心を植え付けないからである。このことで、この群れはこのあと温和であり続ける。他の方法は衝撃を与えやすく、人に対して警戒心を植え付け、荒い群れになりやすい。

収容直後の処置

収容してしばらく経つと、今度は働き蜂がミツ集めに出はじめたり、清掃係りがゴミ出し飛行をしたりするので、早く設置予定の位置へ移動したほうがよい。そうしないとすべてのハチが戻ってしまう夜まで移動を待たなければならなくなる。設置位置を決めてから、収容作業には取りかかるべきである。初めて働き蜂が巣箱を出るときは、まず巣箱の前で向きを変え2～3秒旋回し、巣箱の位置を記憶してから飛び立つのでわかる。

いつ分蜂したのかわからない蜂球を見つけ収容した場合は、捜索ハチが四方に散っているので、夜まで動かせない。夜までというのは日没後20分である。それが門限である。

日が沈むと太陽コンパスは使えないので、巣のハチたちは巣門から集合フェロモンを空中に放出したり、数匹が巣箱を飛び出し空中にフェロモンの道を作って、捜索から帰ってくる仲間の道案内をする。

新女王は分蜂群収容の翌日か2～3日後から交尾飛行に飛び出すが、新女王が自分の巣箱に戻れるように、昼間働き蜂たちは同じことをしている。

元巣に戻るハチ

分蜂球を収容する時、取り残されたハチの大部分は新しい巣箱に自ら入って来るが、分蜂直後に収容する場合は元の巣箱に戻るのがいる。戻っても、まだ新しい女王の匂いが自分の体に染みついていないので追い出されないからと思われる。

それで、遠くへ運びたい場合、分蜂直後に収容すれば、少数の取り残しは元巣に戻り死ぬことはないので、気にせず移動できる。

手際が悪く、取り残しが多いときには、新しい巣箱に入ろうとせず、元巣

に戻り、一旦新しい巣箱に収容されたハチまで女王と一緒に飛び出して元巣に戻ることがある。そして、分蜂を再度試みようとはしない。元巣の中では新女王はまだ生まれていないはずで、おそらく生まれる前に殺すのであろう。

分蜂群収容は手際よく行わなければならない。

手際が悪くても分蜂から時間が経っていると、自分たちの匂いが元巣のハチとは違ってきて、ケンカになるので元巣には戻らず、元の枝に戻るが、それが日没後だと、まとまることができず、ばらばらに夜を過ごすのもいて、凍死する。日没後は作業をしないことである。

もし、収容作業が夜に入るようだと作業を翌朝に延ばす。朝の気温が上がらない内だと捜索ハチたちはまだ飛び散っていないので、すべてのハチが収容でき、すぐ移動できる。

捜索ハチが蜂球に戻ってしまう夜を待って収容する人もいるが、どうしても取り残しが出るので、私は薦めない。

夜の収容

しかし、どうしても作業が夜に入ってしまったり、翌朝まで待てないことはある。そんな場合、収容する箱は、蜂球のあった木の根元に置くようにする。普通だと取り残されたハチを誘導するために集合フェロモンを放出するハチは数十匹であるが、夜だと数百匹になる。巣箱の前面に展開して羽音を響かせる。その際巣箱に誘導されるハチは暗いので空中を飛ばず、木の幹を歩いて降りてくる。それで巣箱が根元にないとハチたちは木を降りた後、無駄な距離を歩くことになる。

収容後の移動

収容が完了して一旦どこかに置き、ハチが働きに出たら、その日はそこから動かせない。動かしたら、出たハチが巣箱に戻れないからである。しかし、夜、全ハチが戻った後、翌朝働きに出る以前であれば500メートル以上、それ以降は2キロ以上であれば、移動してもよい。

初日は500メートル以上の遠くまでは出かけないし、翌日以降なら、行動半径が2キロ余なので、それ以上の所は地形を知らず、最初の場所に戻らない

38. 重箱がバラけないように板で固定する。

39. 重箱3段はバイクのチューブが適合する。

40. 巣門をメッシュで閉鎖する。

からである。

　分蜂後1週間以内の群れの移動は、できるだけ乗用車で、さらに同乗者の膝に抱えて行ったほうがよい。トラックだと振動で柔らかい巣板が折れて落ちる心配がある。

　1カ月以上経つと巣板も固まり、少々のことでは折れない。しかし、トラックの荷台などで移動中の振動が強いと、ハチがばらばらになったり、騒いで内部の温度が上がって死亡したりする。マットを敷くなどの工夫がいる。

　重箱どうしの継ぎは、重箱を板かバイクのチューブか【写真38、39】ガムテープで固定する。

　巣門は、布を押し込んだりしてふさぐ。30分以上かかるようだと窒息させないために硬い材質のメッシュで塞ぐ【写真40】。柔らかい布だとハチは必死に出ようとして、後ろから押されて圧死する。

　もし途中で巣箱が解けてハチが飛び出しても慌てることはないない。ほとんど刺さないものである。車を停め巣箱

を外に出して静かに組み立て、巣門を開くと、ハチたちは巣箱に戻る。

　設置したら固定板は取り外す。そのままにしておくと、乾燥して木材が収縮し、重箱と重箱の間に隙間ができる。

分蜂後の天候急変

　分蜂した後、急に雨が降ったり、寒くなったり（6℃以下）すると、前述のように元巣に戻ることもある。分蜂から時間が経っている場合は争いになるので戻れず、分蜂球は緊密に固まって耐え忍ぶことになる。捜索ハチも出ない。そんな時は分蜂直後の条件と同じで、全ハチ収容は楽で、収容後も働きに出ないので、ゆっくり予定位置に移せる。

　分蜂したのに人が気づかないまま、天候が急変し、そのまま1週間も回復しないと大変である。人が気づいた時は、ハチたちは寒さと飢えで力尽き1匹ずつ分蜂球から落下していたり、蜂球全体が木の根元にずり落ちて固まっていることもある。こんな時は分蜂から2週間以上経っているはずで、収容したら自家製のミツか砂糖水を与える。平たい皿に入れ、溺れないようにチリ紙を乗せて巣箱の底に置くと、ゆっくりと這ってきて飲む。飲んだら急に元気が出る。落ち着いたら後述の給餌方法で給餌をする。

移転先のすでに決まった分蜂球

　分蜂球を発見したら必ず表面の動きを見る。静かだと未だ行き先が決まっていない。ざわつきがあれば、分蜂直後で女王がまだ入っていないか、あるいはすでに行き先を見つけ、飛び立とうとしているのである。どちらであるか見極め、後者であれば、急いで収容する。

　こんな群れは収容しても、取り残されたハチがなかなか巣箱に入らず、やっと入ると今度は急に静かになる。普通なら、巣門で集合の扇ぎをするハチがいて、取り残されたハチは、自ら巣門に吸い込まれるように入って行くものである。ところがこの群はもはや捜索は必要なく、集蜜にも出かけない。

　とりあえず、巣門を目の細かい網で閉鎖する。取り残しが多くいるが飛び去ることはなく、夜になると巣門に集まる。巣門を開いて取り残しと帰ってきた捜索ハチを中に入れてやり、再び閉鎖して、その夜のうちに2キロ以上

離れたところに移し、巣門の閉鎖を解いてやる。

　あるいは、そのまま2昼夜置き、新しい行先を忘れさせる。この場合、霧吹きで巣門から水を補給しておくのを忘れないようにする。翌日は外に出ようとして体力を消耗するので、巣門を暗くする目的で巣箱に布などを被せる。

　別の方法は、収容したら直ぐ巣門を封鎖して2キロ以上離れた所へ車で運び、新しい場所に着いたら巣門を開けてやる。再び戻って、取り残しハチが固まったところをビニール袋に取り、再度運んで巣門前に放すと、自分から巣箱の中に入っていく。

　2キロ以上離さないと、人間が車で戻るより速く、地形を知っている外勤蜂だけが戻って来て大騒ぎをする。結局女王の所へ戻ることはできず、1晩小さな蜂球で過ごし、翌日からは三々五々に元巣に戻ったり、近くの別の群れに合流してゆく。1晩で女王の匂いが消えているので、どの群れも入ってくるのを拒絶しない。

　あいにく空の巣箱が手元にない場合は、面防の網で包み込み、出られないように口を絞り、帽子の部分を上にして、そのまま木にぶら下げておく。この場合も、霧吹きで水を吹きかけ、水分補給をしてやる。2昼夜経った次の朝まで置いたら飛び去るのを諦めるので、それから準備した巣箱に収める。

　収め方は蓋を外した巣箱に払い落としてから蓋をし、残りは網を裏返しにして巣門の前に置くと自ら入って行く。

　巣箱に収めないまま遠くに運んでもよい。その日の夜にはすべての捜索ハチが戻って来て網の外側に付くので、それをもう1つの網で包み、車で運ぶ。しかし網が小さすぎると、長く座席などに置いたりすると自分たちの体重で死亡するので用心が要る。

　網の中のハチを巣箱の中に払い落すとき、暗いと空中のハチが巣門にたどり着けないので、払い落とすのは翌朝明くなるまで待つことにして、ぶら下げておく。

　分蜂したのがその日だとわかっていたら、取り残しは気にせず遠くへ運ぶ。そこで巣門を開けてやると、ハチたちは飛び出し、嬉しそうな羽音で巣箱の周りを飛び回り、集蜜活動を始める。取り残されたハチは元の巣に戻るので心配ない。

こんな蜂球を発見したのが3時以降だと、その日は移転せず、翌日9時以降に移転する。天候不良でも移転実施を先延ばしにしている。

遠くへ運ばず、翌日朝から観察して再度確認してもよい。他の群れと同じ時間に集蜜活動に飛び出すようだったら、そのままそこに置ける。この場合は40分で花蜜を持って戻ってくる。

しかし、20～30匹が出たままで、他のハチは8時になっても9時になっても動かないようなら、外に出たハチが気温の上がる10時ごろ戻ってきて、一斉に全員を連れ出してしまう。外に出たハチは前日自分たちの見つけた場所に先発していたのである。

しかし、収容の翌朝働きに出ない群れは必ず逃げるというわけではない。小さい分蜂群だと早朝からは活動を始めないことがある。時には、最初の日は全く活動を始めないこともある。満腹しているので、急いで仕事を始めないらしい。逃げ出す群れと違うのは、朝から1匹も出ないことである。どちらなのか見分けがつかない場合は遠くへ運んだほうがよい。

逃亡群

収容した分蜂群が、後日再び巣箱を飛び出し、蜂球を作ることがある。分蜂期の終わった5月中旬以降によく起こる。新しい場所に落ち着いたつもりであったが、そこは雨漏りがしたり、下水の匂いが強かったり、近くで農薬が散布されたりで、再度転居を決意したのである。

前年からの古い巣箱からの逃亡もある。巣板が巣内に充満し、それを撤去できる力がなく、時にはその巣板がスムシにやられたのである。

原因をよく究明し、それに応じた対策を立てる。

分蜂しない群れ

弱小群は当然分蜂できないが、3年目女王もしない場合が多い。しても老齢化しており群れも小さく育たない。

野生で生きている群れには分蜂しないことがよくある。内部空間の広い床下、天井裏、納骨堂などでよくあることで、蜂数過密の心配がないからであろう。しかし、このような群れに限って突然倒れることがある。やはり年老

いた女王蜂の産卵力が尽きたからではないかと思われる。

孫分蜂

　分蜂して出た群れから、同じ年にさらに分蜂をすることを孫分蜂という。勢力の強い、初回分蜂の母女王の群れの場合が多い。孫とは言うが、出るのは母女王のほうである。新しい巣で娘の女王が生まれたのである。流蜜が豊富で、蜂数が異常に多くなると王台を作る。王台と同時に雄巣房もつくるので、雄巣房の蓋が巣門の前に出されると、やがて孫分蜂が起こる。

　貯蜜が多いので採蜜しようとして、蜜が薄いのに気づいたら孫分蜂を準備していると考えたほうがよい。保存する必要がないので濃縮しないらしい。孫分蜂を2回することもある。

　孫分蜂の原因の第一は、群れが強く流蜜が豊富だからである。3月下旬に分蜂した群れが5月上旬に孫分蜂したりする。しかし他に原因があることもある。他群の女王が不慮の死を遂げ、そこのハチたちに合流される場合である。

　私の経験を2つ述べる。ある分蜂群を収容するとき、女王を誤って圧殺したことがある。残されたハチは隣の群れに合流したが、その38日目に孫分蜂が起こった。もう1つは、6月7日に空き箱に分蜂群が飛来したことがある。空梅雨だったので、弱小群も分蜂したらしかった。翌日からハチたちが巣門前から集合フェロモンを放出していたので、女王が交尾飛行に出ていることがわかった。しかし、3日後にはすべてのハチの動きが止まった。女王がツバメに食べられたらしく、残されたハチたちは隣の群れに合流した。それから45日目の7月24日に巨大な孫分蜂が起こった。

　一般に孫分蜂をして出る群れは、出遅れている。特に、梅雨が迫っているために、群れを立ち上げるのに不利である。梅雨の間に給餌が必要になる。後に残った女王蜂が交尾飛行に出て、ツバメに食べられる確率も高い。それでも、もし流蜜が豊富で、女王に素質があれば急速に蜂数を増やし、秋には採蜜できるほどになる。

空梅雨と弱小群と梅雨明け

　梅雨入りが遅れると、雑木の花蜜が豊富になり貯蜜が増える。この時期のミツは樹木のミツで、色が濃く、固まることがなく、味もよく、空気が乾燥しているので、糖度も85度あったりして最高の品質になる。

　分蜂しないまま終わると思われていた弱小群も、6月とか7月に入ってから分蜂を始めたりする。孫分蜂と同じである。

　後発分蜂群の女王は一般に繁殖力が弱い。初回は、元々弱い母女王なのであるが娘女王であれば、時期外れで交尾相手の雄蜂不足になる。蜂数が増えず、オオスズメバチの餌食にもなりやすい。それを人が防いでやっても、冬前には倒れることが多い。

　梅雨直前の分蜂群は、給餌がし易いように自宅近くに集めたほうがよい。梅雨時は昼間も気温が上がらないので、運搬で巣板の折れる心配も少ない。

分蜂球の構造

　参考までに、分蜂球の構造を述べておく。女王蜂が中心部に入るとハチたちは落ち着き、新しい住処を探しに出かける捜索ハチ以外は静かに動かない。指を差し込んでも動じない。内部は、風呂の湯のように暖かい。

　外側は、ハチ同士がかなり緊密に繋がっている外皮である。内部はすだれのように縦にだけ強く繋がっていて、ハチたちはかなり自由に動ける。捜索から戻ったハチが飛び込んだところを良く観ると、外皮の内側で新しい移転候補地を伝える尻振りダンスをするのが見える。花蜜の所在を知らせる踊りと同じである。太陽の方向を真上として、一定の方向に尻を振りながら進む。そのハチに追随していたハチが、そこを確かめるために飛び出してゆく。気に入ったら、戻ってきて同じ踊りをする。

　両手の指で外皮を両側に開くと、その様子がさらに良く見える。別の方向に踊るハチもいる。同じ方向に踊るハチの数が増え、多数派になると少数派を呑み込み、やがて蜂球全体が同じ方向に踊りだし、移転先の決定と意思統一がなされる。

2 設置と管理

設置場所

　まずは食糧の充分なところを選ばなければならない。雑木が充分であるか、雑草が生えるに充分な日照があるか、人の里山の暮らしがあるか、すなわち野菜畑、果樹園などがあるかがポイントである。

　ミツバチは花蜜だけでは不十分で、花粉も必要である。花粉は花蜜以上に安定供給を必要とする。樹木より雑草のほうが種類も多く、その分、年間を通じてより多く開花し、花粉の安定供給に資する。

　杉の人工林が多く、雑木や雑草の少ない場所は食糧難をきたす。ミツバチは被子植物と同時に発生し、共生して進化してきたと言われる。どちらかが欠けると、他方も生きていけなくなる。

　巣箱の設置は、夏、直射日光の当たらないところを選ぶ。当たると、ハチは体を張って遮ろうとする【写真41】。セイヨウミツバチのように、日向に置くと蜂数を増やせない。しかし、湿気の多いところより乾いたところが好まれ、そのため1日のうち少しは日の差し込むところが良い。冬は、できれば朝日が当たったほうが良い。落葉樹の根元は好まれる。

　日陰が良いとは言っても、地面がいつも湿っていて、風通しも悪い場所がある。ハチが貯蜜を濃縮するのに苦労する。そんな所しか設置場所が見つからないときは、コンテナなどを置いてできるだけ地面より高くする。ビール瓶用のコンテナは丈夫である。

　冬は、北西の風が巣門から吹き込まない方向に向けて置く。内部を冷やす最大の要因は、巣門から吹き込む寒風である。

　水も必要で、近くに清水があったほうがよい。分蜂球を作る木の枝も近くにあったほうがよい。梅など、表皮の荒い木がよい。

　さらに、ハチが高速で巣門に飛び込めるように巣箱のどの側かは障害物がないようにする。密生した林の中などはよくない。スピードが遅くなると、空中でキイロスズメバチに捕まる。

樹木が密生してなくて風通しがよければ、林の中でも結構好まれる。ツバメが来ないし、女郎蜘蛛も巣を張らない。

　オオスズメバチ対策も要るが、それは後述する。

農薬対策

　農薬のことは、常に念頭に置いておかねばならない。稲田や果樹園、それにゴルフ場の近くは避けなければならない。大規模農場だと100メートルくらい離れていても、ハチは1年以内に死滅すると思ったほうが良い。

41. 夏の日差しを身体で遮る。

　風下で突然農薬に襲われると、ハチたちは巣門に出て必死に扇いで農薬を押し返そうとがんばるが力尽き、巣箱の内外でもがきながら次々に死ぬ。農薬の発生源が遠いと、数匹の死骸が毎日巣門近くに見られるが、だんだん蜂数が減っていき、ミツを残したまま1週間くらいで消滅する。

　訪花中農薬に接触したハチは、自ら巣箱から歩いて遠ざかり死ぬ。空中で死ぬのも多いはずである。巣箱の中で死に、仲間に巣の外に運び出されるのもいる。

　幼虫や成虫の死骸が巣門の前に散らばるのは、有機リン系農薬が原因と考えてよい。盗蜂と闘って死ぬ場合もあるが、その場合は2匹のハチが絡み合ったままなのがいるのでわかる。

　2008年から顕著になったことであるが、死骸を残さないで、きれいな巣板とミツ、時には幼虫を残したままハチが消滅する現象が多発した。個々にハチが飛び出したまま、帰って来ないのである。ネオニコチノイド系農薬が原因である。

　最近は、田園地帯ではハチが生息できなくなってきている。多くの農業関係者が、自分たちが花粉媒介者を殺しているという認識を持っていない。時間をかけた、自殺行為を行っているのである。

現在、日本で農薬被害を心配せずにハチの飼えるところはほとんどないのではないだろうか。

巣箱の置き方

前方に少し傾ける。後ろに傾いていると、巣箱の前面を流れた雨が巣門から流れ込み、床に溜まるからである。

巣箱にはスレートなどの屋根を載せるが、どうしても日陰に置く場所がない場合、屋根板の下に小石か木片を置いて空かし、太陽熱が巣箱内に伝わらないようにする。

底板の下にも小石などを置き、底板が湿って腐らないようにする。

隣り合う複数の巣箱

設置した最初の頃はハチが間違って隣に行き殺し合うことが多い。巣門前に死骸が散らばっていたり、2匹がかみ付き合って独楽のように回転していたら、盗蜂との攻防戦か、巣を間違えたのである。時には、交尾飛行から戻った女王も殺されることがある。石垣や塀の前など、背景が同じだと間違い易い。特に、設置場所が細い路地のようになっている場所だと、奥の巣箱に戻るには手前の巣箱の上を通り越さねばならず、手前の巣箱に入ろうとすることが多い。多くの働き蜂が、そのことを学習する前に事故を起こして数を減らす。隣とは向きを変えるとか、ブロックを置いて高さを変えるなどの工夫が必要である。欧米では、巣箱の前面を色分けしている。

数メートルの移動

定置した後、気が変って、もし5メートルばかり動かしたかったら、夜、50センチずつ、何日もかけて動かす。もし20メートルも動かしたかったら、いったん2キロ以上のところに持っていき、2週間以上そこに置いて最初のところを忘れさせてから望むところに持ってくる。巣箱の向きを変えるのも、毎日少しずつ回す。

過密を避ける

　ニホンミツバチにとって最高に環境の良いところは、まわり2キロに雑木、畑、果樹園など植生に多様性があって、人の営みが感じられるところである。そして、1カ所では30群あたりが限界のような気がする。「昔は家の周りに30群持っていたが、今は10群を超えられない」と言う人もいる。

　蜜源の豊富さにもよるが、過密になると共倒れを起こす。その30群を上限と考え、周りの環境を見て、1カ所に置ける数を決めたらよいと思う。

　蜂場ごとに、そこに置ける巣箱の上限が大体決まっている。普通の環境では、10群以内になるのではないだろうか。今後は、温暖化で長雨の年が来ることを考えると、限界まで置くのは危険である。

　食糧難の時にはエネルギーが残っておらず、逃亡もできない。倒れるときは、少しずつ蜂数を減らし、いつの間にか消滅するので、気づくのに遅れがちである。

　上限まで置いて、共倒れあるいは採蜜ゼロにするより、適当に間引いて他所に移したほうが得策である。

　ニホンミツバチの行動範囲は、最高半径2.2キロ、通常は500メートル以内と言われている。蜜源の近いほうから訪花し、遠くは後回しである。多くの群れを飼う場合には、できるだけ小分けにしたほうがよい。

　一般的には自分の自由になる土地は多くないのだが、雑木の密度、樹木や農作物の開花の具合を見て、できれば1カ所の数は減らし、蜂場の数を増やしたほうがよい。蜂場の間の距離を2キロ以内にすれば、分蜂時、遠くに行きたがる群れでも隣の蜂場に呼び込むことができる。

シロアリ対策

　底板が地面に接していたり、木の葉が巣箱の側面に積もったりすると、そこからシロアリやヤマアリが侵食する。すると、そこをオオスズメバチが嗅ぎつけ、噛み破って穴を開け侵入する。巣箱はコンクリートブロックなどの上に置くべきである。また、穴が開くと、盗蜂に攻められたとき、そこも防御しなければならなくなり、それだけ双方に多く犠牲者が出る。

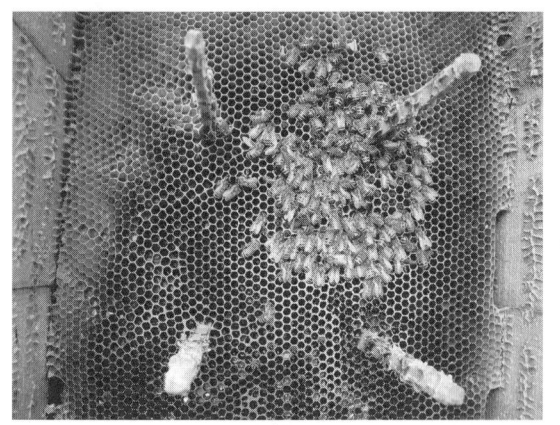

42. 凍死。

43. 巣門を狭めてやる。

44. 段ボールで覆う。

蜜を狙う蟻への対策は必要ない。巣箱に近づく蟻は、ハチが前足で弾き飛ばす。もし蟻に侵入されるようだと、その群れはすでにハチ数を減らし倒れる状態になっていると思ってよい。

防寒

冬はできれば防寒対策をしたほうがよい。ニホンミツバチは丸く固まって過ごし、寒いと体温を上げてしのぐが、そのために余分の食糧を消費し、貯蜜の少ない群れは、巣房に頭を突っ込んだまま凍死して全群が死滅する【写真42】。当然、巣箱の板が薄いほど対策を講じなければならない。私は巣箱の板の厚みを25ミリにしているが、それは防寒のためである。

また、巣門に木片などを置いて狭める【写真43】。あるいは、巣門全体を覆うような大きさの木片を巣箱から1センチ離して置いてもよい。ハチは上方と左右から出入りする。

それでも北西の風をまとも

に受けるところでは、ダンボールを巣箱の幅に切って被せることがある【写真44】。天井部分だけはさらに枚数を増やす。防寒は天井の部分が大事である。天井の内部が結露現象を起こすと、ここに近い巣板が湿り、カビが生え、貯蜜に使えなくなる。

　発泡スチロール、ビニールを被せるのは湿気がこもるのでよくない。巣箱の板を通して湿気が出ており、それをビニールなどが遮ると、水滴となって巣箱の外壁を濡らし、時には凍る。

冬の蜜切れ

　普通、ニホンミツバチは、蜂球になって巣板の下部から上部へ向かってミツを消費しながら、同時に空になった巣板も齧り取りながら越冬する。
　ニホンミツバチは強勢群、弱小群に分けられるが、その中間もある。
　強勢群は、齧り取った巣板の屑を空中に捨て、巣箱の周りには屑が見当たらない。
　ところが、中程度の群れだと屑を巣門の外に捨てる。この中程度の群れの中には、秋の貯蜜が少なく春まで食糧が持たないとわかると、冬になって全群が死滅する前に、自らを間引きすることがある。どうやら年老いたハチから凍死あるいは餓死し、巣門の外に数百匹のハチが運び出されて折り重なっていることがある。
　上述の、巣房に頭を突っ込んで死滅するのは、弱小群であり、空になった巣板を壊すエネルギーがなく、そのため空の巣板が邪魔になって、貯蜜を中心にした蜂球を作ることができず、そのことがさらに防寒に不利になり、さらに蜜が必要になるという悪循環を起こし、全滅するのである。

移動は気温の低い時に

　分蜂収容群の移動に際しては、どこで女王に交尾させるのか考慮する必要がある。群れの多い所、すなわち雄蜂の多いところ、あるいは近親の少ないところで交尾させるようにしたほうがよい。そこがいいのであればそこに置くし、移動先がいいのならすぐ移動させる。そこで交尾をさせてから別の場所に置きたいのであれば、1カ月以上そこに置いた後移動する。それ以前だ

と巣板が柔らかいので、移動に際しては注意が必要になる。1カ月以上経つと、巣板は固まり丈夫になる。

しかし別の問題も派生する。

分蜂時以外でも、巣箱を移動させなければならない時がある。しかし、分蜂期が終わるとだんだん難しくなる。全ハチが戻る夜を待つことになるが、暖かい季節になると夜中でも中に入らないので巣門閉鎖が面倒になる。こんなときは柔らかい草の茎などで追い込むのであるが、数が多いと水を霧吹きで吹きかける。木酢だと時間を短縮できる。燻煙器でもよい。

しかし、さらに気温の上がる初夏から秋にかけては移動そのものが厳禁である。暑さで巣板が柔らかく、少し傾けただけで折れる。夜でもダメな場合が多い。ハチ自身の体温が加わり巣箱内の温度がさらに上がり、容易に熱死すると思ってよい。車の振動で巣箱が揺れて興奮したり、巣門から必死に出ようとして、さらに巣内の温度は40度を超すほどに上がる。

雨の日はどうかというと、土砂降りでも働きに出るので巣門封鎖ができない。やはり夜を待たなければならない。

冬ならいつでも行える。遠くへ移動できるのも冬である。分蜂監視のため分蜂前に強勢群を自宅近くに寄せたり、分蜂球が下がるのに適当な枝のあるところに移したりしておくと便利である。昼間でも気温が6度以上にならなければハチは働きに出ないので、いつでも巣門が閉鎖できて移動できる。

重箱の付け足し

強勢群であり、さらに環境が良いと、越冬巣箱群と母女王の初回分蜂群は2カ月で、今年生まれの女王の群でも強勢群だと3カ月で、蜂数が3段に収まりきれなくなる。ハチが巣門の周りに群がり【写真45】、基台の扉を開けて調べてみると、蜂球の先端が底に接しそうになっている【写真46】。抱えてみると重く、蜜を貯めている。初回分蜂群のなかには特別勢力の強いのもいて、分蜂から1カ月で3段に収まりきれないほど急速に成長する。それに気づかないと、ハチ群が分蜂と同じように巣箱を出て蜂球を作ったりする。その場合、女王蜂は出て来ないので蜂球はざわついている。下に1段付け足して4段にしてやると巣箱に戻る。強勢群になると予想されたら、早めに4

段にしてやる。

　ニホンミツバチは、セイヨウミツバチと違って一度子育てに使った巣板には産卵しない。常に新しい巣板を作らせていかなければならない。産卵場所がなくなればハチたちは働きを控え、仕事にあぶれた者たちは遊ぶようになる。

　流蜜の時期が終わると繁殖のペースが弱まり、集蜜活動も小さくなる。時間が経つと、大きくなった巣板の管理が難しくなり、そこにスムシが繁殖したりする。そのため、古い巣板の撤去が必要になる。採蜜もその撤去の手助けをすることになる。時にはミツが溜まっていなくても最上段の重箱を撤去してやる必要が起こる。

　どんなに蜜源の豊かなところでも、重箱は5段を最高として、6段、7段にはしないようにし、ミツは溜まり次第採るようにしたほうがよい。蜜源の豊かなところでは45日ごとに採蜜できる。

　採蜜は、原則として4段に巣板が充満してから行う。流

45. 内部でハチが充満している。

46. 扉を開いて見ると、ハチが床まできている。

47. 重箱を下に入れてかさ上げする。

蜜期でも3段からでは採り過ぎて群れを弱らせることが多い。充満したかどうかは、まず蜂数、次に巣箱の重さ、最後に中蓋のスリットからの観察で判断する。

　重箱継ぎ足しでは、ハチをつぶさないように作業をする。巣箱を持ち上げなければならないので助手がいたら助かるが、3段を一人で持ち上げる場合には、重箱がずれないように側面にガムテープを貼ったり、板をネジで止めたりして持ち上げて横に移し、斜めに立ててハチを潰さないようにする。片手で巣箱を支えながら、空の重箱を基台の上に置く【写真47】。

　床の掃除をするなど仕事をしたいときには、斜めに立てずに、別の空の重箱の上に置いてもよい。

　4段以上を持ち上げるときには、基台から上の重箱の部分を少し回転させると手掛りができる。

台風対策

　台風対策は講じなければならない。いろいろ方策はあると思う。重い石を乗せる、杭を打って縛り付ける、大木に縛るなど。

　重箱式は倒れても、重箱がバラけないようにしなければならない。一体化していれば、台風の後見回ったとき倒れたのを起こせばよい。石垣の上などに設置するときは、落下しないように縁には置かないようにする。

放任養蜂

　私は70キロにわたって35カ所の蜂場を持っているが、遠いところは、ほとんど放任していて滅多に訪れず、ニホンミツバチに住居を提供しているだけのところもある。ニホンミツバチは野生のハチとは言っても、巣箱で飼っている以上、これでは生きていけない。私は気になっていながら、忙しくて巡回できない年がある。

　これでは群れが存続できないが、原因はオオスズメバチ、女郎蜘蛛、巣箱の腐食、巣門前の雑草、周りの樹木の繁茂、それに、巣板の老朽化である。

　ニホンミツバチは強勢群だとオオスズメバチと戦えるが、巣箱に腐食があると、穴を開けられ攻め込まれて滅ぼされる。

女郎蜘蛛も馬鹿にできない。ニホンミツバチがいる所には、女郎蜘蛛が多く集まって網を張る。ハチは高速で飛べず、生産性は低下する。蜘蛛の巣を人が全く取り払ってやらないと、群れはほとんど倒れる。ハチたちは、いらだちを示す羽音で飛ぶ。クモの巣の支点になる木々の小枝を落とし、草に埋もれないように巣箱の位置を上げるなどする。

　巣門前の雑草の繁茂も、生産性を低下させる。ニホンミツバチはセイヨウミツバチと違って、藪の中を飛ぶのは上手であるが、雑草が多いとやはりスピードは落ちる。

　周りの樹木が生長し、風通しが悪くなり、陽も射さなくなり、湿気が多くなると、結局倒れる。

　巣板の老朽化のことであるが、一定の内容積の巣箱で飼う以上、古い巣板の撤去を人が手伝ってやらないと群れは倒れるものと思ったほうが良い。常に新しく巣板を作る場所を確保してやらなければならない。強勢群だと古い巣板を次々に壊して更新しているが、その労力はかなりのものである。タイミングよく重箱をかさ上げしてやると同時に、重箱が5〜6段以上になったら貯まっていなくても採蜜する。

　越冬した巣箱を放任すると、8月か9月に逃亡し、隣の空の巣箱に入っていることがある。その場合、元の巣箱のミツを腹いっぱい吸ってから家移りするので、噛み破られた蜜巣房からのミツが巣門から流れ出る。

　ミツバチを飼うからには、ミツを採るという目標をもって真剣に取り組まなければならないと思う。

雄バチの評価

　雄バチは交尾のためだけに生まれてきているので、それほど多くは必要ないと思われがちであるが、それは違うのではないかという研究者もいる。女王蜂の繁殖力には違いがあるが、それは生まれつきであると考えられている反面、どれだけ多くの雄バチと交尾をしたかが繁殖力を決めているという説もある。私もこの説を取る。分蜂期の終わりかけの、雄バチの少なくなったころ分蜂した群れが、めったに強勢群にならないのはそのためではないかと思うのである。

巣門の高さが5ミリだと働き蜂は出入りできるが、雄バチはできず、中で死ぬ。死骸も運び出せない。働き蜂は雄バチが出られるように巣門をかじり続ける。さらに、雄バチを人が居候として捕まえて殺すと働き蜂の機嫌が悪くなり、そのあと人を警戒するようになる。環境の中でのニホンミツバチ全体の繁殖のことを考えたら、雄蜂も大事にすべきだと思う。
　巣箱を、直線距離で2.5キロの所に移したことがあるが、その翌日、雄バチだけが元の巣箱の位置に戻ってきて帰らず、200匹ばかりがそこで死んだ。3日くらい続いた。雄バチは、働き蜂より遠くまで飛んで行っていることがわかる。2キロくらいだと働き蜂も戻ってくるが、しばらくいて帰って行く。しかし雄蜂はやはり帰らず、そこで死ぬ。働き蜂のほうが柔軟性があって、知能が高いようである。
　雄蜂が遠くまで飛ぶのは、血縁の遠い女王蜂を探すためであろう。
　交尾場所は、その下を通れば、羽音が聞こえてくるのでわかる。見上げてもハチの姿は見えない。春、そんな場所に行き当たったら、40〜50メートル以内にニホンミツバチが営巣していると思ってよい。女王蜂が長距離を飛行しなくて済むように、できるだけ営巣場所に近いところの大木の上空などを、護衛の働き蜂がデート場所と決め、女王蜂を誘導し、長距離飛行を厭わない雄蜂を集めるようにしているようである。
　私の蜂場のいくつかの傍は、毎年、デート場所になっているが、午後になると女王を連れたハチの一団が、林の中を上方に抜けて行くのを目撃している。高い梢の上方に上がって、できるだけ遠方に女王の匂いをまき散らせるようにすると同時に、ツバメが現れたら、急降下で林の中に逃げ込めるようにしていると思われる。

3　自然群を巣箱に入れる

人間の生活圏に侵入した分蜂群の対処法

　分蜂期に新しい待ち箱を設置したら、容易に入って来るというわけではない。まずは主のいなくなった自然巣あるいは巣箱を選び、人が誘引剤を入れた待ち箱は後回しにする。前年に倒れた群れが多いと、それだけ空き巣も多いわけで、新しい待ち箱には順番がなかなか回ってこない。匂いの強さが違うようである。

　人間の側から見ると自然巣には2種類あるわけで、木の洞や石垣など本当の自然巣と、人家の屋根裏、床下、納骨堂など人間のテリトリーである。自然巣はできるだけ残してやりたいが、そう言ってはおれない場合がある。

　自然巣の群れは、どのようにして巣箱に収容するか。分蜂後、できるだけ早く手を打つ。体か腕が入るとビニール袋で取れるが、そうでないと燻煙器で追い出すことになる。追い出された群れは、分蜂と同じように近くに球を作るので収容する。

　もし女王を見つけたら、指で捕まえて、養蜂家の使う女王篭に入れ、基台の扉を開け、その内側に置く。ハチがある程度入ったら女王篭から出す。夜を待ち、遠くに運ぶ。

　もし幸運にも、新しい居場所、たとえば納骨堂などに入ろうとしている、あるいは入った直後に気づいたら、入口に草や小枝を積み上げ、出入りに不便な状況を作る。ハチたちは、ここでは生活できないと移住を断念し、近くの枝に上がることがある。

　普通、燻煙器はニホンミツバチを扱うには必要でないが、持っていると便利である。燃料は干し蓬が優れている。煙たくない。蓬は道路際に生えていることが多く、入手が容易である。刈ってきて天日に干す。杉の皮も良い。木綿布も良いが、化繊や羊毛が混じっていると人に反撃する。

　私は夏場に野山で仕事をするとき、蚊よけに重宝している。この場合、燃料は枯葉や枯れ草で間に合う。しかし、火災に注意が必要である。

燻煙器の代わりに木酢か竹酢を霧吹きに入れて用いると、ほとんど燻煙器と同じ働きをする。火を起こす必要がないぶん、便利である。

ハチの住宅難を解消する

　一般的に、自然巣の群れは、あまり分蜂せず、放置すると巨大化した巣を維持できなくなり、2〜3年毎に死滅するか逃亡する。その後、その空の巣をスムシが食べて片付け、次の分蜂期に、新しい群れが匂いの残ったその場所を見つけて営巣を始めるのである。だから、一旦営巣すると永久に営巣場所になる。人の生活に不都合を引き起こすのであれば、この永久営巣を断ち切らなければならなくなる。

　殺虫剤で殺してしまうのが簡単なようであるが、実際はそうでもない。ミツは回収できないし、死骸を放置すると腐敗臭が消えないなど、後の処理は結構大変である。

　時間的余裕があれば、ハチが倒れて留守になるのを待って出入り口を塞ぐのが一番簡単である。詰め物やガムテープで塞ぐ。

　分蜂期にナフタリンを置いても効果はなく、農薬で臭いを付けても1週間で蒸発して消えてしまうので、次の新しい群れがやって来て営巣する。

　しかし、出入り口を塞いでそこに入れないようにしても根本的な解決にはならない。そこの環境がミツバチの存在を要求しているのであり、1カ所を塞いでも別の穴から入るとか隣家の戸袋に営巣したりする。

　正しい解決法は、近くに巣箱を置くことである。日陰で、人の邪魔にならない所にミカン箱でよいから置いてやればよい。誘引剤として空巣板を入れておく。

　ニホンミツバチは、そこの地域の農業と森林を護っているのであり、環境にもたらす利益は計り知れない。ハチミツの恩恵などは高が知れている。

　このような恩恵など念頭にない人間たちが洞のある老木を切り倒して、ハチから住宅を奪ったのだから、人間の側に彼女たちを絶滅に追い込まない対策を取る義務がある。

Ⅱ　ニホンミツバチを捕える

自然群の移し方

　床下や納骨堂などに営巣を始めて時間の経った自然群であれば、移すのはとても難しい。しかし、全く方法が無いわけではない。

　一番肝心なことは、分蜂と違って腹に蜜を入れていないので、ハチが貯めていたミツを巣箱に移すことと、幼虫がいたら幼虫も移すことである。新しい巣箱に入ったハチが最初にしなければならないことは、巣板を作ることである。その巣板の原料は腹に貯めたミツで、濃縮の済んだミツである。自然の流蜜では薄すぎる。食糧としても、濃いミツでなければならない。

　同時に流蜜も必要で、流蜜期でないと移した後、給餌をしなければならない。

　気温が低いときは、幼虫が死ぬので晴れた日に行うのが良い。

　作業の時期としては、群れが容易に立ち直れるだけの流蜜があるかどうかをまず考える。幼虫は少ないほど良い。貯蜜は、すべてのハチが1回腹いっぱい吸える量があればよい。

　分蜂群なら腹にミツを貯めこんで分蜂するので、そのミツを元手に新しい巣箱では巣板を作り始めるが、自然巣のハチたちにはそのような準備はない。そのため巣板ミツが必要なのである。このミツがないと、食糧も、花蜜を取りに行く燃料もないことになる。薄い花蜜は、そのままでは食糧にはならない。濃縮されたミツがない場合は、糖度70くらいの砂糖水でも、ないよりましである。

　3段の、強勢群であれば4段の重箱式巣箱を、巣門を自然巣の入口に近づけて置く。

　自然巣の手前の巣板に燻煙器で煙を吹きかけ、ハチを奥へ追いやりながら巣板を切り取ってゆく。切り取ったら、ハチをつぶさないために立てかけてゆく。巣の近くの壁に立てかける。逆さにしたほうが安定がよく、ハチは蜜まみれにならない。巣板のハチは上に上がり、巣板を切り取った跡に集まる。

　すべて切り取ると、ハチは切り取った元の場所に固まるので、蜂球を、針金ハンガーに取り付けたビニールの袋で捕らえ、外に置いている巣箱の中に注ぎ込み、中蓋と蓋を被せる。

女王蜂が蜂球に入っていたら、取り残されたハチたちも中に入って行く。

次に、切り取った、蓋の被った蜜巣板4～5枚をハチに戻さなければならない。最下段の重箱に立てかけるのであるが、すでにハチが入っているので、もう1つの基台と重箱を用意し、それに以下の手順で蜜巣板を入れ、最下段と取り換える。巣門をふさがないようにすることと、お互いの巣板がくっつかないようにすることが肝要である。幅9ミリに切った蜜巣板を間に挟めばよい。

できるだけ多く立てかける。この際、井の字の桟の2本を外し、並行2線にすると巣板が立てかけやすい。この巣板は1週間くらいで空になるので、取り出してやる。

もし幼虫がいれば、生かすようにしなければならない。切り取った巣板から、幼虫部分を切り離し、この幼虫のいる巣板をこの最下段に入れるようにする。蜜の部分の巣板は、中蓋の上に乗せた重箱の中に入れる。

蜜巣板も幼虫巣板も、逆さに立てかけたほうが安定が良い。幼虫巣板は手早く作業をしないと、冷えて死なせてしまう恐れがある。

この蜜巣板は、巣箱の外の巣門近くに置いてもよい。夜でも出てきて、すごい勢いで取り入れる。すべてのハチが満腹するまで取り入れる。

巣箱の外に置いた場合、蟻がいたり、他の巣箱が近いと問題が起こることがある。

この作業の一番よいタイミングは、その群れが分蜂を終了させてから1週間後くらいである。幼虫はいないし、流蜜は豊富である。巣板は老朽化していて、ハチとしても更新しなければならないときである。

考慮すべきは、末娘の女王、すなわち処女女王が後を継いでいて、交尾飛行に出ているかもしれないので、移動は夜を待ったほうがよい。2キロ以上離れた所に移す。蜜巣板も持って行く。

新しい巣板が形成されると、巣板ミツには振り向きもしなくなり、もっぱら自然界の花蜜の採集を始める。

以上は最もシンプルな方法である。

私は、写真のような専用の重箱と巣枠を作って用いている【写真48】。この巣枠7枚に、蜜巣板、あるいはできるだけ新しい巣板を挟み、巣箱の最上

段に34ミリ間隔で並べて入れる。

次に作業の容易な時期は秋の採蜜期、10月上旬である。

この場合は、他の群れのミツを重箱1個分貰う方法である。採蜜予定のミツの貯まった重箱式巣箱の最上段をいただくのである。蓋を付けたまま切り離し、中のハチを燻煙器で追い出してもよいが、時間がかかるので、通常の採蜜のときと同じように、蓋と中蓋を外してからのほうがハチの下方への移動は容易である。そのミツの入った重箱の下に空の重箱2段を置いて、1基の巣箱にする。

その巣箱を、巣門が自然巣の出入り口近くになるように設置する。幼虫がいるようだと作業を急がなければならない。気温の下がる夜に幼虫巣板をむき出しで越させてはならない。重箱をさらに1段用意して、その重箱の内側に幼虫巣板を立てかける。安定の良い逆さにして立てかける。巣板がお互い密着しないように桟も利用して立てかける。この幼虫巣板を捨ててしまうと役割分担のリンクが欠け、群れは倒れる。中に入れることのできなかった幼虫巣板は巣箱の外壁に立てかけてもよい。気温があれば、ハチが出てきて固まり、幼虫を育て上げる。他群の巣門の傍に持って行っても、その群れが育てる。できるだけ、幼虫の多い時期は行わないに限る。

48. 自然巣を重箱に移すための巣枠。

セイヨウミツバチの巣箱から重箱式に移す法

セイヨウミツバチの蜂場に放置されている巣箱にニホンミツバチの分蜂群が入ることがある。譲渡してもらったり、待ち箱に入ったセイヨウバチと交換したりすることがある。

巣枠の巣礎に沿って巣板を作っていたら、そのまま前項で述べたように飼えばよいが、巣枠の入っていない場合は、巣板が天井に固着して蓋を開ける

49. ラ式の群れを重箱式に移す。

ことすらできない。

　そんな巣箱はほとんど古いので、底板を外そうにも釘が錆びついている。

　底を、重箱の内寸の広さにチェーンソーの先端で切り開く【写真49】。まず横倒しにし、チョークで線を引く。チェーンソーの潤滑油は、菜種油に替えたほうがよい。ハチは全く騒がない。重箱2段の上に乗せて完了である。

　時間が経つと巣板を重箱の中に伸ばしてくるので、秋にはラ式は切り離せる。チェーンソーを使ってもハチは騒がないので、いろいろの自然巣の回収に使える。

III　ニホンミツバチの
　　　ミツを採る

採蜜開始。

1　採蜜の時期

　ミツバチを飼うからには、最終目標として採蜜を念頭に置くべきであろう。いかに採蜜するかを考えない養蜂は、気の抜けたものになる。

　以前、採蜜の時期は春と秋の2シーズンと決まっていたが、最近では異常気象のため臨機応変に考えなければならなくなった。

　長崎県では、重箱派と蜂洞派に分かれていて、従来、重箱派は一般に春にだけ採蜜し、蜂洞派は秋にだけ採蜜していた。

　ニホンミツバチに給餌は邪道であったが、これからはそれも考えなくてはならなくなった。ニホンミツバチも漫然とは飼えない時代に入ったようである。

　日本は、基本的には乾燥期と湿潤期とに分けられる。10月から5月までが乾燥期で、6月から9月までが湿潤期である。乾燥期は湿度が50％台で、湿潤期は70％以上になったりする。ハチがミツを濃縮するのには、乾燥期が楽で湿潤期では困難である。薄い蜜を採ると発酵させてしまう。

　では、ミツの濃度（糖度）は乾燥期か湿潤期かだけで決まるかというとそうではない。4月と5月は乾燥期に入るが流蜜期でもあり、ハチの濃縮能力を超えて花蜜が持ち込まれるのでミツは薄くなる。また梅雨が明け、流蜜期が過ぎても湿度が高く、やはり濃縮は進まない。10月になってやっと乾燥期になり、ハチにとっては濃縮が容易になる。しかし、今度は気温が低いためにミツが固まりやすく、分離が困難になる。

　モンスーン地帯の日本でミツバチを飼うには、この分離と濃縮という2つの困難が伴う。どちらもまだ十分に解決されているとは言い難い。

蜜の糖度

　糖度が79度に達しないと発酵し、泡を出して膨張し、酸っぱくなる。密閉していると容器を割ることがある。

　ハチは糖度20度台の花蜜を巣箱の中で濃縮し、濃縮が一定の濃度に達すると蜜巣房に蓋をするが、春は73度で蓋をし、その後もゆっくりではあるが濃

縮は進む。

　採蜜は、できるだけ早朝にしたほうがよい。夜間に濃縮作業をしているからである。

　春、午後の蜜の平均濃度は78度であるが早朝だと79度のことが多い。この1度の差は発酵するかしないかの重要な差である。また、巣板の端より中心部が濃度は高い。以下に述べている度数は早朝の度数である。

　湿度55％以上の空気に曝しておくと、80度のミツも糖度70度に向かって下がる。逆に湿度55％以下だと、70度のミツも糖度80度に向かって上がってゆく。

　梅雨に入るのは突然であり、急に湿度も上がるのでその前に分離して急いで容器に密閉する。梅雨の湿度70％の空気に曝しておくと糖度は56度まで下がる。梅雨が明けても早急には湿度は下がらない。むしろ高まったりする。そしてその高湿度は9月上旬、時には下旬まで続く。こんなとき、巣内の糖度は75度からなかなか上がらない。

　時には蜜巣房の中で発酵したために蜜蓋が膨らむことがあるが、自家消費してしまうのか、ミツを吸ったり吐いたりして熟成させてしまうのか、10月の採蜜時に発酵蜜になっていたことはない。

重箱派の採蜜時期

　重箱派は春採りである。「分蜂期が終わったら蜜切り」と言って、前年からの越冬巣箱から、ミカンが咲く5月上旬までに採蜜する。重箱を切り離すので「蜜切り」と言う。分蜂3回以上の強勢群から、最後の分蜂後1週間以内に採る。分蜂のための幼虫が、孵化し終えたタイミングを狙う。

　繁殖期は、前期と後期の2つに分けて考えたほうがよいであろう。分蜂が終わるまでのハチの分蜂数勝負の期間と、分蜂後の蜂数増殖の期間である。

　分蜂前の梅、桜、菜の花、レンゲなどが豊富だと主に分蜂回数を増やし、分蜂後の椎の花を中心とした雑木の流蜜が豊富なら、蜂数と貯蜜量を増やす。

　古い巣箱は末娘の女王が引き継いでいるが、繁殖力の強さは女王によって個体差がある。

　また、初回分蜂の母女王の群だと、流蜜が十分であれば、分蜂後1カ月で

3段に充満するので、1段下に継ぎ足して4段にする。4段に充満したら採蜜できる。これは普通早くても5月中旬になる。しかし、レンゲ、ナタネを作らなくなった最近では、この時期に4段までミツが貯まることはほとんどなくなった。

しかし年によっては雑木、特に椎の花が豊富で貯蜜が進むことがあるが、この場合は、貯蜜がハチの濃縮スピードを超えるために糖度が上がらず、梅雨が近づくまで採蜜に適しない場合が多い。

この時期、ミカンが咲き始めるとミカンの苦味が混じると言って採蜜しない人もいる。逆にミカンの蜜を選択的に採る人もいる。

大気の湿度が50％と低くさえあれば、梅雨に入るまでの間に採蜜する。梅雨までに1週間以上の期間がなかった場合は、梅雨の間給餌をする。もし糖度が79度に達していないなら、後述の方法で濃縮（水抜き）をする。

蜂洞派の採蜜時期

蜂洞派は秋採りである。秋以外は蜜の糖度が足りず発酵すると言って採らない。また山岳地では、上述の花の開花が低地より遅れ、梅雨までに時間が足りなくなって、採蜜のチャンスが訪れないためでもある。もし空梅雨であれば採蜜は可能かもしれないが、幼虫がいるので蜂洞式では採蜜できない。

いや昔は、春にも蜂洞から採蜜していた。幼虫も採って、「蜂ご飯」といって、幼虫を「混ぜご飯」にして食べていたのである。ニホンミツバチの生息数が豊かな時代だったのである。

低地の蜂洞派は、10月上旬にセイタカアワダチソウの咲く直前の濃い蜜（82度前後）を採る。そのときの採蜜では貯蜜の半分以上、時には4分の3、あるいは全て採るのであるが、それでもこの後開花するセイタカアワダチソウの蜜のお陰でハチは越冬できる。

10月上旬に貯蜜が十分でなく、採蜜を先延ばしにすると、この花の蜜が大量に入るが、それまでの蜜は薄められるので、採蜜しても発酵する。しかし空気が乾燥しているので、その後、糖度が上がり11月下旬には採蜜できるようになる。

しかし、10月上旬に貯蜜が十分でない群れの中には、セイタカアワダチソ

ウの豊富なミツも貯めない弱小群もいる。女王の老齢が考えられる。何とか越冬させて来春の分蜂に期待するが、越冬中に倒れることが多い。

蜂洞派の多い山岳地帯では、採蜜後の手当てをして、越冬用を確保してくれる花が少ないので、10月上旬に思い切った採蜜ができず、11月下旬から12月上旬に、越冬用を取り上げてしまわないように注意しながら採る。

越冬巣箱からの採蜜

重箱派は春採りだと上述したが、それは2つに区別しなければならない。分蜂を終えた越冬巣箱からと、新しく分蜂した群れからの2種類である。

まず、越冬巣箱のことを述べる。末娘の女王が巣箱を引き継いでいて、分蜂終了後1週間以内に採る。このタイミングを外すと上手くいかないが、タイミングが合っていても上手く行くとは限らない。

それは、分蜂の終わった巣板の老朽化の程度に差があることに原因がある。老朽化がひどいと貯蜜にも産卵にも使えない。勢力があると巣板を更新するので蜜を貯めることができるが、勢力がないと巣板は老朽化したままで蜜を貯めない。こんな群れはストレスで働くのをやめ攻撃的になる。

どちらであっても、分蜂が終わったら早めに採蜜したほうがよい。蜜が貯まっていてもいなくても採る。人が巣板の更新をしてやるのである。早く採ってやったほうが早く新しい巣板が作れる。前年の秋に採蜜してない巣箱だと老朽化巣板も多いので2段1度に採ってもよい。貯蜜もないときは巣板をすべて取ってやる。

やり方は、上から1段あるいは2段取ったあと、蓋つきの空の重箱を上に乗せ、ガムテープで重箱同士がずれないように固定し、横倒しにして下から残りの巣板を掻き出す。3段巣箱にして立てる。ゼロから出発する分蜂群と同じにするのである。

作業中、奥に詰めて最初から最後まで大人しくしている群れと、全員が大げさに空中に飛び出すが、終わると巣に戻って大人しくなる群れとがある。如何にも、人がしてやっていることを理解したかのようで不思議である。

巣板の更新は、ニホンミツバチにとってとても大事なことである。

初回分蜂群からの採蜜

　上述の「重箱派の採蜜時期」でも述べたが、もう少し詳しく述べる。

　母女王の初回分蜂群には強勢群が多く、5月下旬から6月中旬までに採蜜できるほど増殖していることが多い。

　分蜂から1カ月経ったら、巣門から覗いて巣板の先端が床に接しそうになっているか調べ、そうなっていたら1段足して4段にする。強勢群になると予想できたら早く4段にしてもよい。2週間してさらに4段の下まで巣板が伸びているか調べ、その時点で梅雨入りまでに1週間ありそうだと、採蜜してもよい。1週間で採蜜した分を補うからである。しかし、ミツが薄い場合が多いことを覚悟しなければならない。冷蔵庫で保存するか、後述の方法で濃縮する。常温で保存すると発酵する。

　梅雨が遅れると雨が降り始める前に多くの群れが4段に充満し、糖度も上がり、採蜜が可能になる。6月末までに、2週間おいて2回採蜜できることもある。梅雨前に採蜜しなかった場合、梅雨の間に自家消費で貯蜜は減っているが、梅雨が明けると1週間で充満させる。

　採蜜に際しては、糖度が最大の留意点である。中蓋のスリットからミツを少量取り、糖度計で調べるようにしたほうが良い。79度あれば採ってよいが78度では常温では保存できない。

　この初回分蜂女王の群れは勢力が強いが、それが秋までは続かないことが多い。梅雨後に採蜜しようとして糖度が足りないので、秋まで延ばしてみると貯蜜がなくなっていたなどということがよくある。それでどの時点で採蜜するか判断が難しい。

　もし、この2年目女王の群がセイタカアワダチソウの咲き始める10月10日前後まで勢力を持続できたら、そのときが最後の採蜜のチャンスになる。その時十分な貯蜜がなく、セイタカアワダチソウの蜜が入るだろうと採蜜を先延ばしにしてもほとんど無駄である。分蜂に備えて幼虫を育てないのでミツを貯めない。たとえ越冬はできても滅多に分蜂はなく、その年の梅雨に倒れると思ってよい。もし例外的に分蜂することがあれば、その分蜂群は育たないが、残った群れは新しい女王の下で育つ。

ところが2回目以降の分蜂群であれば、ほとんどが、だんだん力を付けてきて10月上旬には採蜜できるに充分な蜜を貯める。そのとき貯めていなくても11月下旬までには貯める。

秋の採蜜

戦前、秋の採蜜は11月下旬で、越冬用を半分採っていたそうであるが、戦後セイタカアワダチソウが渡来してからは10月上旬が普通になった。

10月上旬、台風が来なければ9月下旬に突然湿度が下がるので、それから1週間待って採蜜するのである。4段の重箱に貯蜜を充満させているのを採蜜する。採蜜する前に、本当に最下段までミツが充満しているのか、抱えてみて持ち上げられないほど貯めているか、さらに、蓋を取り、中蓋のスリットから覗いて、蜜蓋が被っているか確かめる。9月までの時期、蜜源が乏しいうえに農薬散布が多いため最近は採蜜できるほどの強い群は少ない。3割程度と思ってよい。採蜜したら必ず空重箱を入れ4段に戻す。

もし、10月上旬に採蜜できなかったときは、11月下旬まで待つ。この時のミツは、セイタカアワダチソウの黄色く結晶しやすいミツが主である。

10月上旬に採蜜できた群れが11月下旬にも採蜜できるほど貯める場合があるが、再びこれを採る場合は注意を要する。抱えてみたり、スリットから覗いたりして、貯蜜が十分にあることを確認してから採るべきである。その後、流蜜はほとんどないのだから、十分な貯蜜が必要なのである。

また、このミツは分離するのが大変である。草のミツで固まりやすいうえに、気温は低く、採蜜後すぐに分離に取りかかっても1時間で固まって手に負えなくなる。

セイタカアワダチソウの効用

セイタカアワダチソウの花は10月いっぱい咲き、そのあと11月上旬には、背丈の低い花に替わり、12月中旬まで咲く。この花は2回咲き、ミツバチに多大な貢献をしている。

採蜜をするのなら11月中にすることである。12月に入ってからの採蜜は越冬用を採ることになるのでしないほうがよい。越冬用だと普通2段満杯のミ

ツが必要である。九州は冬でも気温が高く、集蜜に出かける日は多いが、それでも自分たちの消費分を超える集蜜はないと思ってよい。給餌をしてやろうにも気温の低い時は取り入れない。

セイタカアワダチソウのミツの味

セイタカアワダチソウのミツは不味いと言って採らない人もいるが、私は嫌な味とは思わない。2～3カ月も貯蔵しておくと、まろやかで独特の風味を持つ味に変わる。アメリカでは、セイヨウミツバチのミツであるが、最高級のミツである。香りが強いので欧米人に好まれるのであろう。この花のニホンミツバチのミツは、さらに優れたミツだと私は思う。

越冬と分蜂と段数

10月上旬の採蜜の際は4段に戻すよう述べたが、11月下旬に越冬用を採る場合は、継ぎ足さず3段のままでもよい。この時期以降は、巣板は下へほとんど伸ばさない。ビワやツバキがあるが、消費して空いた巣房に貯蜜してゆく。

分蜂を望むのなら無理に段数を増やさず、過密にして置いたほうがよいという考え方もできる。確かに、床下など広い空間からは分蜂は少ない。しかし小さい空間にいる群れからは少数の分蜂しかないのも事実である。要は、女王の産卵力に見合った空間が必要であり、分蜂のためには、その産卵力のピークのとき、少し手狭になる空間が理想的と思われる。

そう考えると、分蜂に最も良い方法は、冬が終わり、ハチが出始めたとき4段にして給餌を開始することである。2週間くらいを目途に、3月下旬の分蜂開始まで1カ月以上前から断続的に行う。

しかし2008年以降は考え方を変えねばならなくなった気もする。温暖化で、ハチは冬も働き続け、1月から菜の花が咲き始めることとあいまって、ツバキ、ビワから集蜜し、重箱を5段、6段にしなければならないことがある。喜ばしいことなのかどうか今日の段階ではわからない。

Ⅲ　ニホンミツバチのミツを採る

梅雨と採蜜

　採蜜には糖度の問題だけでなく、ハチは春から秋にかけて子育てをしていることを忘れてはならない。ミツがあるのは最上段とその下の段が中心であって、他の場所は花粉貯蔵や子育てに使われている。特に、春や初夏の採蜜には慎重さが求められる。子育てに必要なミツは確保しなければならない。

　特に採蜜後、急に梅雨に入ったら危険である。給餌をすればよいわけではない。砂糖だけでは栄養が偏り子育てはできない。4段充満であれば、どうにか梅雨直前に採蜜してもリスクは少ないが、必ず給餌をしなければならない。給餌法については後述する。

強勢群と弱小群

　採蜜できる巣箱というのは、最上段にミツがある巣箱のことである。ミツバチには採蜜できるほどミツを貯める群れと、そうでない群れの2種類しかいないと言える。中間がないのである。

　強勢群の中には、初夏3回と10月上旬の4回採蜜できるのもいる。その年の花の咲き具合と梅雨の長さにもよるが、こんな群れは例外で、半数近くは年1回がせいぜいで、遂に1度も採蜜できないか、途中で死滅したりする群れが分蜂時の半数近くである。

段数と勢力

　時たま例外的な強勢群がいて、梅雨前に4段に蜂と蜜が充満したが糖度が足りず採蜜しないで5段にすると、すぐに6段が必要になることがある。孫分蜂することもあるが、気づかずに放置しておくと、あふれたハチたちは近くの木に蜂球を作る。分蜂と間違うが、違うのは女王が来ないので蜂球の表面はざわついていることである。

　勢力に応じて段数は増やさなければならないが、勢力がないのに段を増やしても、それに応じて群れの勢力が促進されるわけではない。

　どの群れの女王にも生まれついた素質があり、これは変えられない。

2　採蜜の方法

採蜜の道具

採蜜には面防、手袋、腕カバー、薄刃包丁を用意する。包丁が片刃だと蜜房が平坦に切れないので両刃を使う。包丁は幅がある程度あったほうがより水平に切れる【写真50】。包丁の代わりにピアノ線を用いてもよい。ナイロンの糸だと左右に引くとき摩擦熱で切れる。面布は養蜂業者が使う正式なものに越したことはないが、作業服店に虫除けとして売っているものでもニホンミツバチ用には間に合う。

複数の巣箱の採蜜を続けて行う場合は手袋、腕カバーは複数用意する。他の群れの匂いがあると攻撃するので、1回ごとに取り替える。あるいは時間を30分くらいおいて匂いを消散させなければならない。

採蜜可能な巣箱の判別

従来から、巣箱を抱えてみるのが一般的な方法である。4段が持ち上げられないほどだと充分なミツがある。平均的な女性の力では持ち上がらないほどの重さである。巣門の扉を開いて中を見ると、巣板の先端が床まで来ていてハチが密集しているはずである。

巣箱を石で叩いてもある程度判断できる。特に最下段までミツが貯まっているか音で判断できる。

私が普通行う方法を紹介する。巣門を見て、ハチがはみ出して密集していると、蓋を取り、スリットから覗いてみる。ハチがほとんど居らず、巣房に蓋が被っているのが見えたら、ハチは濃縮作業を終えているのであり、濃くて十分な量のミツを持っていることになる。こんな巣箱からしか採蜜しないことにしている。

スリットを覗いて巣房が見えないほどハチがいるなら【写真51】、まだ濃縮の作業中であり、巣房の蓋は被っていない。このような段階ではハチに落ち着きがなく、無理に採ろうとすると「採ってはイヤーッ！」と聞こえる羽

音で顔に体当たりしてくる。

　ここで言い添えておかねばならないことは、蜜蓋が被っていても、発酵しない79度の糖度があるとは限らないことである。大気の湿度が高いときは注意が必要である。ミツをスリットから少量取り、指先で摘まんでみるとわかるが、慣れていないなら糖度計で測る外はない。

　秋の、10月上旬に採蜜する場合、そのすぐ後にセイタカアワダチソウの新しいミツが入ってくるので、越冬用を採ることにはならない。

ミツを濃くする条件

50. 採蜜に取り掛かる。

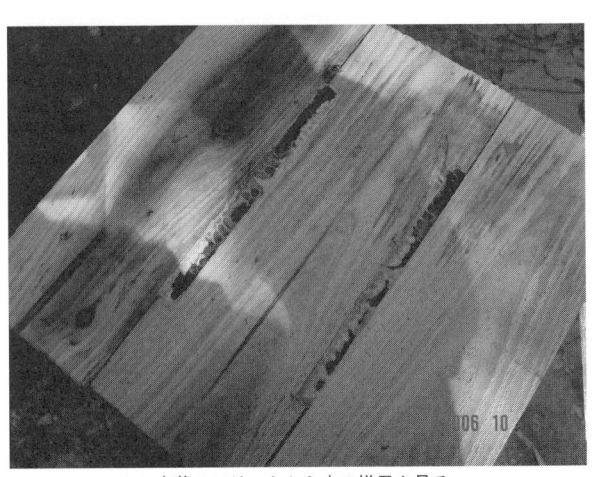

51. 中蓋のスリットから中の様子を見る。

　まずはハチが強勢群であること。次に大気が乾燥していることである。

　環境が良く、強勢群であれば、重箱を次々に継ぎ足さなければならなくなるが、早め早めに継ぎ足すとミツは薄くなりがちである。採蜜の予定があれば、継ぎ足すのは採蜜時にしたほうがよい。

　また、ハチは夜に濃縮作業を行うので朝がミツは濃く、採蜜は朝が良い。さらに、天候の良い日がハチも機嫌がよい。天候の悪い日は一般に湿度が高く、採蜜中に湿気を吸ってミツが薄くなる心配もある。

　ハチはどのようにミツを貯め、消費しているのかをわかっていたほうが、

52. 中蓋の1枚を切り離す。

53. ハチを下においやる。

採蜜に関わる理解を深めることになるであろう。

ミツは自分たちのエネルギー源であり、幼虫の食物でもある。ハチは通常、幼虫を守るように巣板の下方に集まっていて、ミツを消費するときは自分たちに近いところ、すなわちミツ巣板の下方から上方に向かって消費する。そしてその空いたところに上方からミツを補充し、その度にミツは濃くなる。

新しく持ち込んだミツは上方に蓄える。巣板の最上端は空と充満を繰り返しているわけで、最上段にミツがあれば蜜巣房全体が充満していると同時に、夕方には、新しく持ち込まれた花蜜で薄くなっていることになる。

蜜重箱の切り離し

ミツが十分にあると思ったら中蓋の1枚を切り離し【写真52】、もう一度確認する。上端まで巣房の蓋が被っているか、巣板に十分な厚みがあるか確かめる。厚みがあればビースペース（巣板と巣板の間の隙間）は、ハチが1匹やっと通れるほどの隙間に狭められているはずである。春には粘度の足りないミツ、秋には厚みが足りない巣板が多い。そんなのを無理に採ったら群れ

は弱体化する。中蓋と蓋を戻して採蜜は中止する。

　ミツが十分に貯まっていたら、中蓋をすべて切り離す。包丁の背で巣箱の上端を叩く人もいるが【写真53】、そうしなくともハチは下に降りてゆき、人の作業を邪魔しない。

　最上段の重箱を切り離す【写真54、55】。切るときにナイフの感触でミツの糖度がわかる。このときハチたちが巣門から外に這い出してくることがあるが、30分ほどで中に戻る。這い出すのは、こぼれたミツで羽が濡れるのを避けるためである。粘度の低いミツを切ったときや、切り口がつぶれているときに多くのハチ

54. 最上段を切り離す。

55. 切り離したところ。

が出る。少数のハチが中に残り、ミツを舐めて掃除をしている。薄くて鋭利な包丁で切る。ピアノ線などでは切り口がつぶれやすい。

　流蜜が多く、強勢群だと重箱4段5段となることがある。その場合、最上段を採るのではなく、上から2段目を採ったほうが良い。そちらのほうが糖度が高いだけでなく、最上段の上端には蜜がない場合もある。それであと1段切り離し、最上段をその後に戻すことにする。流蜜が豊富だと、1週間後に最上段を採ることができる。

　切り離したら、下の重箱の巣板の切り口をよく見る。ミツが厚い巣板に満

ちていたら大丈夫である。そうではなく、花粉や幼虫が見えたら重箱は元に戻す。1日でハチが修復する。中蓋を被せるときは元の方向を変えないように注意する。

　重箱が別にあれば、最初に最下段に入れてもよいもよいが、ミツの詰まった重箱4段は重い。1段切り外してから最下段には入れたほうが軽い。しかしこの場合、ハチが出てきて外壁に付いたのを持ち上げることになる。人を攻撃しないので、ゆっくり、掴むところに手をすべらせる。どうしても掴めないときは巣箱全体を基台の上で少し回転させ、手掛かりを作る。

　重箱を重ねるとき注意すべきことは、巣板の下端を損傷しないことである。そこでは幼虫が育てられており、もし傷つけると攻撃を受ける。ミツを取られても怒らないが、子供を傷められると怒る。人に馴れていても怒る。重箱は充分に持ち上げてから下ろす。

ミツをこぼさない

　秋は採蜜の後、内部から出るミツの匂いがオオスズメバチを誘う恐れがある。その日は、人が注意してオオスズメバチを近づけないようにすべきである。一旦狙われると、執拗に攻撃を受ける。スズメバチでなくとも近くのミツバチの盗蜜を誘発する。戦争になって双方が数を減らす。その殺し合いを嗅ぎ付け、オオスズメバチが漁夫の利を得ようとやって来て、そのまま居座って巣箱を攻撃することもある。

　時間が経つとこぼれたミツはハチが舐め取ってしまい、匂いは外に漏れなくなるが、その前にこのような被害のきっかけを作るので、採蜜にはミツをこぼさないよう注意が必要である。

採蜜尚早

　上述したが、巣板の切り口に花粉があったり、幼虫を切った跡があるようだと、採蜜が早すぎるのである。作業を中止して重箱は元に戻さなければならない。重箱は正確に元の位置に戻す。

　特に春の採蜜で失敗が多いのは、貯蜜不十分なまま採ることである。無理に採ったら、少々の給餌では貯蜜を回復させることはできないし、その前に

ハチたちは、食糧不足で育てることのできなくなった幼虫を食べて処分してしまい、群れは急速に弱体化する。

最上段が、ミツがほとんどない空巣板の場合もあるが、きれいな巣板であれば切り離してはならない。人には無用でもハチには大事な生産物である。もしうっかり切ってしまった場合は元に戻さなければならない。

56. 垂れ蜜方式。

切り落とした幼虫の巣板

採蜜のため重箱を切り離したとき、時期尚早で、切り口より下の幼虫の詰まった巣板を落下させることがある。これは、ハチには自分の命以上に大事なものなので戻すようにすべきである。それらの幼虫を死なせてしまうと、巣内で世代が途絶え、分業の環が途切れ、全体が弱るか、死滅の結果になる。

巣箱の内壁に立てかけておくと子育てを完遂させる。安定よく立てるために逆さにしても大丈夫である。三方の内壁をうまく使う。他の群れに任せてもよい。その場合、巣門の外に立てかけてよい。ハチたちは外に出てきて子育てを完遂する。

ミツの分離法

蜜巣板からミツを分離する方法は、一般的に垂れ蜜方式である。容器の上に置いたザルの上に布を敷き、蜜巣板を入れ、包丁で細かく切ったり、押しつぶしたりする。シャモジなどを使ってあまり細かく潰すと、濾したとき布が目詰まりを起こすし、濁りやすい。

布の四隅を結んで吊るすと垂れが速い。1回目は目の粗い布、2回目は細かい布で2回に分けて濾すと速く濾せる。1回目には、重量挙げの円盤を使うと速く絞れる【写真56】。

速く搾るのなら蜜巣板を手で握り潰すのがよい。濁りも少ない。搾った後、

57. 自家製の小型遠心分離機。

58. 蒸し器を使った重石式。

きめの細かい布でこすと完ぺきである。

　遠心分離器は持っていたら便利である【写真57（これは自作）】。ニホンミツバチの巣板は普通、巣箱に戻さないのでこれは必需品ではないが、ミツが澄み、仕事も速い。ニホンミツバチの巣板は柔らかいので、分離器にかけるときはメッシュの金網が必要である。

重石方式

　これも実用化している。蒸し器の上段で蜜巣板に重しを掛け、下段にミツを濾し落とす。

　上段と下段の間に空かしを入れて、次に述べる濃縮器の中に入れると、分離と濃縮が同時にできる。【写真58】は蓋を改造した空かしを入れている。周りに多数の穴を開けて空気が出入りできるようにしている。

低温ではミツの分離が困難

　12月に入ってからの採蜜はしないほうが良い。低温のため採蜜後ハチたちが内部の作業ができないからでもある。

　11月に採蜜したとき、寒い場合がある。糖度が高く、気温も低いために分離が困難になる。垂れ蜜方式で分離しかけても途中でやれなくなる。分離し

た蜜もホワイトチョコレートのようになる。巣房の中でも砂糖のように白く固形化したのがある。

　こんな場合、まずは手で搾ることである。重箱から切り離した直後、現場で、蜜巣板がまだ暖かいうちに搾るのである。自宅から遠い蜂場だと、手を洗う準備を忘れないようにする。

　セイタカアワダチソウの固まりやすいミツは冷えるとさらに固まるので、手早く行う必要がある。しかし、蜜が多量になると手に負えない。

　秋から冬にかけては空気が乾燥しているので、ミツはほとんど80度以上である。85度のこともあり、遠心分離器は全く用をなさない。

　ヒーターと、上限と下限の2個のサーモスタットで35℃に保てる小部屋を作るか、晴れた日だと、キャンプ用のテントの中に三脚を立て、それにつるして垂れ蜜してもよい。また同じ原理で、二重の大きい黒いビニール袋で下から包み、その中で垂らす方法もある。ビニール袋に貯まったミツは、下に小さな穴を開けて容器に垂らす。ハチが寄ってきて溺れたりするので、容器にはメッシュを被せる。翌春まで冷蔵庫で保存して暖かくなってからこの方法をとってもよい。

　椿油を搾る工場を見学して検討したことがあるが、潤滑性のないミツは椿油と同じ方式では搾れないことがわかった。

　分離をせず、蜜巣板のまま食するようにしてもよいが、秋に採るものはほとんど黒い巣板なので巣蜜には適さない。黄色い巣板だと2〜3カ月も保存すると柔らかくなり、呑み込んでも違和感がないものになる。

3　ミツの管理

発酵させてはならない

ハチミツは本来常温で保存できることになっているが、それは糖度が79度以上の場合である。78度以下だと発酵する。

前々項の「採蜜の時期」でも述べたが、まずは薄いミツは採らないことである。しかし採ってしまったら、発酵させないようにしなければならない。

発酵させたら食用にならない。発酵は酵母菌によって起こる。酵母菌は花粉に付着していると言われ、採蜜したミツの糖度が低いと発酵は避けられない。

糖度計を備えられることを薦める。慣れてくると垂らしたり指でつまんでみて見当がつくようにはなるが、発酵の境目である78度と79度の1度の違いは、温度による粘度の違いも生ずるので指ではわからない。

結晶

濃いミツほど、あるいは気温が低いほど結晶しやすく、全体が急速に固まり、クリーム状になる。急速冷凍しても同じようになる。ミツが薄いとゆっくり硬く結晶し、結晶しない部分と上下に分かれ、結晶した部分が水分を排出し、結晶しない部分の糖度をさらに下げるので、そこから、発酵しやすくなる。しかし糖度80度だとどんな場合でも発酵しない。

結晶そのものが品質を落すわけではない。ただ使い難くなるだけである。

結晶するのは草花のミツであり、樹木の花のミツは結晶しない。

ミツ濃縮の方法

おそらく私が最初に思いついたのではないかと思うのであるが、乾燥剤を使う。密閉容器にミツを乾燥剤と一緒に閉じ込めるのである。一番簡単なのは蓋付き発泡スチロールの容器である【写真59】。気密を完全なものにするためにガムテープで蓋の継ぎ目をふさぐ。

乾燥剤は「湿気取り」として安価に市販されている生石灰でよい。ミツは、表面積ができるだけ広くなるように底の浅い矩形のバットに入れて積み重ねる。

乾燥剤とミツとの比率、温度にもよるが、1週間で77度のミツも82度に濃縮される。3週間置くと85度になったりして飴のようになる。

59. ミツを濃縮する。

ベニヤ板で専用の箱を作ってもよい。小型で、蓋を上から被せ、容器は積み重ねる方法にするか、大型で、横に扉を付け、中には何段もの棚を作る方法の2つがある。詳しくは、生業養蜂の項で述べる。

冷蔵庫保存

糖度が79度に達しないミツは当然冷蔵庫で保存しなければならない。

糖度が80度あれば常温で保存しても発酵は起こらないが、冷蔵庫での保存を勧める。理由はわからないが、経験的に言えることは、常温保存では時間が経つと味が落ちてくる感じを受ける。

その場合、蓋をどうするかで相反する2つの意見がある。冷蔵庫の中は乾燥していてミツが濃縮されるので、容器の蓋は緩めて密閉しないほうが良いという意見と、ミツの酸化による劣化を防ぐために密閉したほうが良いという意見である。

温度が低いと酸化の速度も低いのであるが、それでも私は後者をとる。

ミツを分離せず、ミツ巣板のまま保存する場合は、1週間は冷蔵庫に入れて目に見えないスムシの卵を殺す。冷凍だと2昼夜でよい。

そのあと常温で保存するのであれば、糖度が80度以上あることを確認してから密閉容器で保存する。固まったからといっても糖度が高いわけではなく、巣板のままのミツでも糖度が足りないと発酵するし、密閉容器に入れないとスムシの蛾がやってきて再び卵を産みつけることがある。

蓋の被ったミツ巣板でも、上記の濃縮法で濃縮できるが、冷蔵庫での保存

を勧める。

発酵完了ミツ

　ミツは発酵させると酸っぱくなり使えないことになっているが、発酵を完了させると、話が違ってくる。とても美味しい味になる。1年ほど発酵するに任せておくと、酢やハチミツ酒を通り越して、ミツに戻るのである。一旦発酵が完了すると、ミツはその後、もはや品質に変化は起こらず、永久保存できる。どのような化学変化が起こったのか、私は専門家ではないのでわからない。糖度は70度になっていた。

　どうやら、昔からニホンミツバチのミツを発酵させるのは伝統的なものだったようである。冷蔵庫のない時代に生み出された知恵だったのかもしれない。

　うっかり発酵させたミツや、糖度が79度に達しないミツは、上記の方法で濃縮する代わりにそのまま放置すればよい。その際、容器の蓋を緩めておくことを忘れないようにする。この発酵完了ミツは新しいハチミツ製品として扱うようにしていいのではないかと思う。

ハチミツの比重

　糖度82度で比重は1.5になる。重いものである。計量するのに容器のメジャーで量るのは、糖度によって比重が異なるので公正ではない。ハチミツの計量は重量で行うべきではなかろうか。

湯灌

　結晶したミツは、昔から湯灌をして溶いている。しかし40度以上の熱をかけるとミツは劣化する。電子レンジにかけたりするとミツの一部はガラス質になる。そんなミツを蜂に与えると下痢を起こし死に至らしめる。湯灌であっても注意が必要である。

3種の蜜巣板

　蜜巣板には巣板の違いで3種類ある。作りたての白い巣板にミツを貯めた蜜巣板、貯めたミツの色で黄色く染まった蜜巣板、子育てに一度使って黒く

なった巣板にミツを貯めた蜜巣板である。白と黄色の蜜巣板は食べてもよいが、黒い巣板は硬い上に、優れた下剤になるとも言われている。

では黒い巣板の正体は何であろうか。卵を産みつける前に防菌のため塗りつけた色と言われるが、子育てが済んだ巣房はさらに黒くなる。幼虫の脱皮した皮と排泄物だと言われる。

スムシが狙うのはこの黒い巣板である。巣板の蜜蝋そのものではなく、幼虫の脱皮殻だと言われる。

ミツそのものはどの巣板に貯めてあっても品質に変わりはないが、黒い巣板には小さなスムシの糞が混じることがある。巣板の更新が遅れている勢力の弱い群れから無理に採蜜するとこんなミツを採ることになる。

白と黄色の巣板に貯めたミツは分離してはもったいない。巣板ミツ（巣ミツ）として利用したほうが良い。商品としても高価である。巣板を保存するときは、まずは冷蔵庫に入れ、スムシの卵を殺すことを忘れてはならない。

日本、中国、オーストラリアのセイヨウミツバチのミツ

日本：日本の養蜂家はあまり組織されておらず、孤立状態で、世界の新しい情報や技術が伝わり難いところがある。一方、秘密主義的なところもあり、特にミツの濃縮に関しては自分のやり方を他人には話したがらない。ミツは80度以上の熱を加えたらミツとして認めないという規定があるし、60度以上でも黒く変色する。それでも発酵を抑えるために熱をかけて酵母菌を殺している。日本の養蜂家が市販しているミツを買って糖度計で計ってみると大体76.7度である。日本は外国に比べ、濃度に関する規制が緩いのではないだろうか。ミツバチ自身がミツの濃度を上げてくれるのを待っていては採蜜のチャンスを逃すので、貯まったときに採って熱をかけて殺菌ということになりがちである。

中国：5～6年前、中国を旅行したとき、チベットに近い高地にある青海湖の側を通った。一面菜の花が咲き乱れていて、道路に沿って200～300メートルごとに蜂飼いたちがテントを張ってキャンプをしていた。テントの周りには100箱ほどの巣箱が円陣を組んで置かれていた。私はテントの1つの側に

バスを停めてもらい、ガイドに通訳を頼んで蜂飼いにインタビューをした。

その一家は千キロ以上離れたところから来ていた。「ここに来る前は低地でレンゲのミツを採っていた。蜜買いの業者が前々日来て、ミツはほとんど売ってしまった。この菜の花が終わったら家に帰り、来年のレンゲの時期までは家で過ごす。今、蜂が集めている蜜はそれまで蜂が生き延びるための蓄えである。仲買業者はここには年に一回しか来ない。それで貯蜜のすべてを売った」。

以上のようなことであった。ミツは蜂が集蜜したばかりで、仲買業者は薄いミツを持ち帰り濃縮しなければならないはずである。オリゴ糖を入れて糖度を上げるか、熱を加えて酵母菌を殺すかしなければならないはずである。

その後、再度訪中したときは州の蜜加工工場を見学したが、濃縮のための真空式の設備があった。中国の蜂蜜が全てこのような装置の中を通るわけではないとの説明も受けた。

最近、日本の養蜂家が中国に行って指導している状況の報告を読んだが、蜜濃縮に関してはなにも述べてはなかった。しかしここが指導の要のはずである。

薄いミツの問題は、中国だけの問題ではなく、日本を含めたモンスーン地帯であるアジア全体の問題である。上記中国の例のような早期採蜜に加え、大気の乾燥度を考慮しない採蜜は避けなければならないはずである。

オーストラリア：2007年9月9日からオーストラリアのメルボルンで世界養蜂家協会の研究会があり、私も参加した。そのあと滞在を伸ばし、養蜂家の友人宅に2泊してハチの世話を丸1日することになった。その経緯をここで話していたら長くなるので省略するが（詳しくは『ニホンミツバチが日本の農業を救う』181ページ）、オーストラリアはちょうど春の真っ盛りであった。本来ならユーカリの花が満開で、ハチは集蜜で忙しいのであるが、温暖化のために大地は乾燥し花が咲かず、ハチは飢えていた。今オーストラリアの大地に異変が起ころうとしている。

そのことは別として、前年分離したミツを見せてもらったが、糖度は85度以上であると思われ、ビンからなかなか流れ出なかった。テレビの気象情報

で湿度が36％と言っていたが、日本で九州に住む私は45％以下を経験したことはない。乾燥が過ぎていて、これでは幼虫が育たないと友人は言っていたが、例年の乾燥の度合いは日本とは比べ物にならず、ミツは濃くなる。ユーカリには種類が70以上あって、ミツの味も少しずつ違うそうであるが、おいしいミツであった。今、ハチたちは、地面に這いつくばって咲くキク科の花の蜜で飢えをしのいでいるが、売り物のミツにこの花の蜜が混じったら、「スプリングハニー」と言って集積所で受け取ってもらえないそうである。機関の規定と監視が厳しく、粗悪蜜は販売できないとのことであった。

　蜂蜜小屋があって、そこで作業をするのであるが、遠心分離機も濾し器もスチームパイプが通っていて、ミツを柔らかくして作業を行う。蜜巣板は巣枠に付けたまま保存してあり、必要に応じて分離するのである。すべて蜜蓋の被った厚みのある蜜巣板であった。スムシは存在せず、湿度が低いのでミツは劣化しないのである。こんなミツが本来あるべきハチミツの姿である。

　こんなミツを、日本円で、1キロ270円で卸すのだという。日本の薄いミツの10分の1である。日本の養蜂家は輸入業に転じたほうが良いのではないのかと考えた。しかし残念ながら、2007年、オーストラリアのミツバチは絶滅に向うことになった。

4　蜜の食用外利用、粗蝋、蜜蝋

ミツの食用外利用

1．ミツは医薬品として認められてはいないので、病気治療に効果があると宣伝してはならないようであるが、私自身の経験をすこし語らせていただきたい。

私は若いときストレスから胃潰瘍になり、20年間苦しんだ。手術で胃を切除する決心までしたのであったが、そのころ良い薬が出てきたのとニホンミツバチと出会ったために切除しなくてすんだ。ミツを食すると痛みが和らぐことに気づいたのである。セイヨウミツバチのミツでもよいが、ニホンミツバチのミツのほうが呑み易い。

2．切り傷や火傷にこれほど効く薬はない。皮膜効果による空気の遮断、浸透圧による殺菌力、それに吸湿力による傷の乾燥防止に効果的である。乳がん手術の傷の治療にミツを使う病院もあると聞いている。

3．洗浄力が強い。石鹸や化学洗剤を使いたくないところに適用する。切り傷は治るのに最低1週間はかかるが、その間、傷口の周りは洗うことができず、不潔になる。ハチミツを傷口とその周りに塗り、しばらくしてガーゼを当ててハチミツを吸い取ると汚れが取れる。

また、水で薄めて洗顔に使っても良い。毛穴の中まで汚れが取れる他、毎日行うと肌に艶が出て若返ったようになる。直接洗顔に使うのではなく、毎日食しても同じように顔の肌が若返る。1週間試されたら実感できるであろう。

洗濯や汚れ落としとして使っても、洗浄力を発揮する。生地も傷めない。しかし、このような使い方をするのにニホンミツバチのミツは勿体ない。市販のミツで間に合うであろう。

Ⅲ　ニホンミツバチのミツを採る

粗蝋：待ち箱の誘引剤

　採蜜した後の絞り粕（粗蝋）は、放置するとスムシや微生物が食い荒らし、土に帰ってしまう。翌春の誘引剤として利用したいのであれば、冷蔵庫で保存してもよいが、量が多いと場所をとるので、気密の保てる容器に入れ、中の酸素を抜くと保存できる。酸素を抜くには携帯用カイロを入れるとよい。容器が不燃性で容量の大きいものであれば、アロマポットでロウソクを灯してもよい。

　手間はかかるが、半分ほどに切った牛乳パックに固く詰めて電子レンジにかけ、融かして、冷やして固めてもよい。それでは手間がかかるのであれば第Ⅱ章1（「待ち箱の匂い付け」）で述べたように、分離した後すぐにビニールのごみ袋を二重にしてその中に入れ、密封し、太陽にさらし、溶かして固めると同時にスムシを熱殺すると、そのまま保存できる【写真24】。しかし、ビニールが破けていたり薄かったりするとスムシの蛾が外側に産卵し、幼虫が噛み破り中に入ることがあるので、さらにもう1枚のビニール袋で包む必要がある。

搾り滓の与え方

　搾り滓にまだミツが残っているのでハチに戻してやりたいが、屋外に置くと、複数の巣箱からやってきて殺し合いになる。さらに、他の巣箱の中に同じ匂いのミツがあるので、教えられたところと間違い、入ろうとして番兵ともみ合いになり、そこでも双方が死ぬ。さらにセイヨウミツバチやスズメバチもやって来て収拾がつかなくなる。オオスズメバチに全滅させられるのも出る。それで次章で述べる砂糖水の給餌器を使い、個々の巣箱の内部に入れるとよい。

蜜蝋

　粗蝋を精製すると蜜蝋になる。食べても問題がないので、いろいろな製品に使われるが、日本では回収にコストが嵩むのでほとんど輸入されているということである。口紅の原料、錠剤のコーティングとして最適である。これ

で巣礎を作って巣枠式に取り付けると、その巣板は、巣板ごと食べられる巣板ミツになる。前項で述べた作りたての白い蜜巣板だと重量で計ってミツの２倍の値段である。精製された蜜蝋はミツと同じ値段でキロ当たり１万円である。

　ロウソクにして灯すと蜜の甘い匂いが部屋中に満ちる。西洋の教会ではこれを使っていた。

　また変わった使い方としては、サツマイモの油揚げの油の代わりに使える。良い味の、油のべとつかないポテトチップスも作れる。油分の摂取できない人のための食品も作れる。

　不純物から蜜蝋を分離する方法は粗蝋を布袋に入れ、大きい鍋で煮ながら、２本の棒で絞る。蜜蝋だけが融け出して上に浮く。それを冷たい水にあけると蜜蝋は固まって浮く。夏の太陽熱を利用する方法もある。断熱効果の高い発泡スチロールの容器の中に粗い目の布で包んだ粗蝋を入れ、全体を二重のビニールの袋で包み、角を少し切って、傾け、直射日光に曝すと、融けた蜜蝋が流れ出る。

5　給餌と砂糖水の作り方

給餌とは何か

　給餌とは巣箱内に砂糖水を入れてやることで、2つの目的がある。1つは餓死を避けるためで、もう1つは繁殖を助けるためである。

　餓死を避けるためというのは、梅雨前と越冬前に採蜜した群れに対して、あるいは、梅雨入り直前に分蜂したために充分な貯蜜ができなかった群れに対して行うことである。自然界に花蜜があるときは砂糖水には見向きもしない。砂糖水は不味い食物らしい。

　砂糖水より蜂ミツのほうが良いだろうと市販のセイヨウミツバチのミツを与えるのは危険である。日本製でないとオリゴ糖が混入されている恐れがある。日本製であっても、熱処理でカラメル化していてハチを死なせかねない。それにハチミツが砂糖より好まれるわけでもない。

　もう一つの目的である繁殖を助けるというのは、最近は暖冬化のため、あるいは分蜂期の長雨のため、多くの群れが分蜂できない事態に陥ることが多いが、それを避けるということである。

　例えば暖冬の年は、分蜂準備期間に咲くはずの梅、桃、桜などはほとんど咲かず、そのため分蜂期になっても分蜂できない。

　梅が開花時期になっても咲かないときは給餌をする。気温が9℃を超えさえすれば、花蜜が少ないので砂糖水を猛烈な勢いで取り入れる。

　最も良い方法は、その時期に咲くように菜の花を植えることである。しかしこの時期は気温が低く、種を蒔いても開花までに100日かかるので10月初めに蒔く必要がある。

　さらに最近は温暖化のために入梅が早くなり、子育て真最中なのに長雨になりがちである。2006年の5月は日照時間が例年の60％であったと気象台は発表したが、5月は、ニホンミツバチが頼りにしている雑木の、特に椎の開花時期である。この年、鹿児島と宮崎ではニホンミツバチがほとんど死滅した。しかも、雑木の花は隔年で太く咲くが、この年は、咲かない年でもあった。

この両県は九州の中でも特に造林率が高く、照葉樹の少なくなっている県である。長崎県の私の群れも4分の3が倒れた。分散して置いているので全ての群に給餌をすることができなかった。養蜂家が言っているが、この年セイヨウミツバチも梅雨の間に給餌を充分しなかった群れは倒れたのである。
　ニホンミツバチに給餌をするのは邪道だと言う人もいるが、確かにセイヨウミツバチに比べたら給餌を必要とする事態は少ない。例えば真夏には流蜜がほとんどなく、セイヨウミツバチの大家族を養うのは困難で放置すると餓死させるが、ニホンミツバチは集蜜に出かけ、なにがしかの蜜を集めてくる。ニホンミツバチの生息密度が低いためでもある。
　また、貯蜜が少なくなったので花蜜を探しに行く燃料すら節約しなければならない事態も起こる。そんな時、給餌をすると一斉に花蜜探しに出かけ、花蜜を見つけて、事態が好転することは多い。
　それに、ハチは砂糖水を貰ったので花蜜集めはやめるというようなことはしない。花蜜があれば給餌には見向きもしないと前に述べたが、花蜜のなくなる夕方には、外置きの給餌器にやって来る。このことはハチが蜜に序列をつけ、砂糖水は最後の選択肢であることを示している。
　もし耕作地を持っていて、生業養蜂として飼うのであれば夏の乏蜜期の7、8、9月のためにソバか菜種を植えると、給餌は必要でなくなる。ソバは1カ月で、菜種は85日で開花し、1カ月咲き続ける。
　蜜源用ソバと菜種の植え付けに関しては最後の章で述べる。

作り方

　私は70％溶液で給餌をしている。1 kgの砂糖に水400 gを入れると大体70％強の1.2リットルの溶液になる。目測では、砂糖を容器に入れ表面を少し押さえて均し、その砂糖の高さまで湯を入れるよい。濃度が高いほどハチの濃縮負担は軽くなる。しかし濃度をこれ以上に上げると飽和状態になって溶け難い。逆に50％以下だと発酵が速い。
　ミネラル補給に天然塩を一つまみ入れる。水道水は沸騰させたほうが溶解は速い。塩素も抜ける。透明になるまでかき回す。よく溶けないままだと砂糖が沈殿する。多量に必要とする養蜂家は大きな容器に砂糖と水道水を入れ、

電動攪拌機で時間をかけて溶解させている。

給餌器

巣箱の外で給餌ができたらよいのであるが、どうしても他群のハチがやって来て喧嘩になり上手くいかないので、それぞれの巣箱の中で行うことになる。

巣箱の蓋を開け、上から入れる方法が良い。基台を高さのあるものに替えて容器を扉から入れる方法もあるが、床はそのぶん狭くなり容器の容量は小さくなる。それに蟻や盗蜂が付きやすい。

たどり着いた案が【写真60】である。容器を逆さにした単純なものになっ

60. 給餌器。逆さ容器方式。

61. 給餌器。浮き方式。

た。しかし容器と受けの適当な組み合わせのできる既製品が中々見つからない。特注するにはコストが大きい。

最初は、容器に浮きを浮かす方法を試みていたが、どれも巧くいかなかった。その中で一応良かったのが【写真61】である。3ミリ厚の発泡スチロールに3ミリの穴を多数あける。隙間からハチが潜り込めないように精巧に作る必要がある。ただ、底辺と上辺が同じ長さの容器を探すのが大変である。

給餌の注意点

62. 羽繕いをして余暇を過ごす。

給餌器の使用に際してもっとも注意しなければならないことは、常に清潔に保つことである。使用後は洗い、熱湯消毒も必要である。放置するとカビが生え、それに次の砂糖水を入れて与えるとハチは下痢を起こす。

さらに、長く給餌器に糖液が残ると発酵する。

ハチは最初、砂糖が花蜜の代用になることを知らないので教えなければならない。砂糖水に少量蜂蜜を混ぜたらよいが、ちり紙に砂糖水を浸し巣門に置いて覚えさせてもよい。

一旦覚えると、今度は隣の巣箱に盗蜂に入ろうとする。夕方花蜜のない時間帯の決まった時間に同時に与えると、自分の糖液を飲むのに夢中になり、他の群の巣箱から漏れる匂いに惑わされない。

採蜜のお返しとして与えるのなら、巣板の材料分も含めて、1日砂糖1kgの溶液を1週間与えれば充分である。新しく蜜巣板を作りながら取り入れるので、飲み干すのに5～6時間かかる。

長雨対策として与える場合、速い群れは1時間半で飲み干す。速いのは空き巣房があるからで、試しにこんな群れに1日1kgずつ飽きるまで与えると20kg以上取り込むことがある。一方、2日で限界に達する群れもある。

どれほど与えたら適切なのか。花蜜があればハチはそれを優先するが、花蜜のないとき砂糖水を多く与えると花蜜が入るべき場所を満たしてしまう。ハチは突貫作業で蜜巣房を作るが、その場所がない場合もある。

取り入れるのに要する時間が延びたと感じたら止めたほうがよい。与え続けると、貯蜜の場所がなくなり、外勤のハチたちは仕事がなくなる。お互いでダニ取りの羽繕いをしたり【写真62】、空き巣箱に出入りして、昆虫のくせに「押しくら饅頭」や「隠れん坊」をして遊ぶようになる。

また、給餌後1カ月以内に採蜜をするとミツに砂糖の味が残る。それは常に考慮しておかねばならない。セイヨウミツバチ養蜂家は青い色のついた砂糖を使っているが、これが採蜜したミツに混じると色が着くようになっている。

外付け

他群がやって来るので、夜だけ給餌器を巣門の傍に置く【写真63】。梅雨期の給餌には良い。雨の夜には蟻の活動も弱まる。ただ雨が容器に降り込まないように工夫する。【写真63】は夜間のフラッシュ撮影である。左側面が巣門。給餌器との間を群をなして往復している。(給餌器は【写真61】を使っている。)

63. 夜間の給餌。

64. 韓国製の給餌器。

この方法にも欠点はある。食べつくしているのにハチが給餌器から離れず、補給のため浮きを動かしたりすると攻撃することがある。給餌器を巣の一部と思い込むらしい。ゆっくり給餌器を持ち上げ、一旦巣箱から離しておき、吹いて追い払うか、ハチが去るのを待って補給をする。

韓国製給餌器

訪韓の際に買って来たものである。巣門から差し込むのであるが【写真64】、

65. 固形砂糖による給餌。

巣門の前に置いてもよい。これの欠点は、容量が小さいこと、吸い口が小さいこと、蟻が付くこと、盗蜂を呼ぶことである。夜でも小さな蟻が巣門から入る。しかし分蜂期前と秋には蟻がいないので使える。

固形砂糖の給餌

　流蜜が豊かだと砂糖水は取り入れない。取り入れないのに与えると、濃度が低いと5日くらいで発酵する。梅雨直前に分蜂した群れに給餌すべきかどうか迷う時は、砂糖を固形のまま皿に盛り上げて与える【写真65】。取り入れるスピードは遅いが餓死のリスクを無くすことができる。遠くに散在して飼う場合には良い。

　オーストラリアではもっぱらこの方式であり、溶液は使わない。巣箱の数が多くて手が回らないからである。日本でこの方式を採用しているセイヨウミツバチ養蜂家を知らないが、私はニホンミツバチに最近もっぱらこの方式を使っている。500ｇを消費するのに1週間かかったりする。セイヨウミツバチよりニホンミツバチに、さらに多湿の日本の気候に合っているのではないかと思う。

盗蜂対策

　盗蜜にやってきたハチたちは羽音が甲高い。防衛に当たるハチたちは気が立ってきて、近くにいる人の顔に体当たりをする。スズメバチと戦うときはそんなことはしないので不思議である。人間の戦争と同じで、強いほうが弱いほうを襲う。巣門前で2匹が絡み合ったままコマのように回って戦う。お互いに多数の死者が出る。

　力の差が大きいといつまでも攻められ、そのうち戦い疲れて防戦しなくな

り、女王蜂が殺され、自分たちは相手側に合流する。

　盗蜂から護る方法は、巣門を狭めて出入りするのに押し合い圧し合いの状態にし、盗蜂が入る余地を与えないことである。さらに盗蜂側に給餌をする。自然界に十分な流蜜が回復すれば盗蜜は止む。

　採蜜の後の搾りかすをハチに与えるのは考えものである。隣の巣箱の中から漏れてくる匂いと同じであり、盗蜜を思い立たせる。

　盗蜂側を責めないことである。繁殖活動がさかんであり、流蜜が間に合わないことを示している。

　どうしても盗蜜が収まらないときは、昼間でも2キロ以上のところに避難させる以外にない。この場合、集蜜に出ているハチを残して行くわけであるが、その後に蓋と巣門をつけた重箱1個を置いておくと帰ってきたハチは夜までにはすべて入り天井に固まるので、本体のところに運び横に置くと翌朝合流する。

　問題が大きいのはセイヨウミツバチによる盗蜜である。梅雨などの乏蜜期に起こりやすい。子育てで流蜜を大量に必要とするだけに盗蜜もすさまじい。セイヨウミツバチ側に給餌をすると逆にそれが集蜜のための燃料になり、一斉に大群が飛び出し、ニホンミツバチへの盗蜜を始めることがある。防戦側のニホンミツバチは戦い疲れるのか、やがて防戦しなくなる。

　両種に同時に砂糖水で給餌をすると必ず盗蜂が起こると思ってよい。私は巣箱の中蓋の上に重箱を置いて、その中に給餌器を入れているが、そこまでセイヨウミツバチが上がってきて、ニホンミツバチと仲良く並んで砂糖水を飲んでいる。貯蜜は盗らず、女王蜂にも危害を加えないという交換条件が決められているようであるが、砂糖水を飲んでしまった後は貯蜜に手を伸ばす。遠くへ移動させるのが唯一の解決法である。しかし、昼間だと盗蜜セイヨウミツバチも一緒に運ぶので、4キロ以上移さないとセイヨウミツバチは盗蜜に通うことになる。

給餌の無駄な群れと有効な群れ

　弱い群れを強くする目的で給餌しても無駄である。弱い女王は産卵力を高めないし、そもそも取り入れない。梅雨でもあまり取り入れない。

ところが、分蜂時の蜂数が少なく弱小群に見えたのに女王の産卵力が高いことがある。梅雨に給餌をしてみたらわかる。ハチたちはすさまじい意欲を示して取り入れる。こんな群れにとって、梅雨の給餌はハンディを克服するチャンスである。

分蜂促進、流蜜不足と長雨対策としての給餌

　九州では、10月中旬から下旬までセイタカアワダチソウが咲き、そのあと12月に入ってからもう1度、背の低いセイタカアワダチソウが咲く。10月中旬から1月末までサザンカが咲く。ヤブツバキは11月初旬から5月まで半年以上咲く。ビワは11月下旬から2月中旬まで咲き、2月になれば梅が咲く。冬の花は開花期間が長い。気温の上がる昼間の集蜜時間が短い分、花のほうが期間を延ばしてやっている。自然の妙である。

　気温が上がりさえすれば集蜜できるのである。(温暖化のせいか、梅の開花時期が早まりつつある。元来3月が梅の時期と言われていたが、2006年は2月15日、2007・08・09年は1月20日に開花した。)

　また、太陽が上がらなくても気温さえ上がれば花粉をよく運び込んでいる。早くから分蜂の準備に入っている。お陰で九州では3月下旬から分蜂が始まる。

　しかし、冬に有り余る流蜜があるわけではない。ただ越冬中の食糧不足をそれほど心配する必要がないだけである。

　怖いのは暖冬の年である。梅、桃、桜類は寒さを経ないと春になっても花を咲かせない。暖冬の年ほど給餌をしたほうがよい。

　寒すぎた年はそれほど心配はいらない。冬の集蜜はできなかったにしても、春になったら花木の花がよく咲くからである。それにレンゲを食べる虫も寒さで死に、レンゲも豊作である。

　分蜂が終わり、蜂数が増える5月から6月にかけては雑木が次々に咲く。この時期に多雨になると、ニホンミツバチは勢いを削がれるので給餌が必要になる。分蜂後の流蜜不足はその後の勢力伸長を阻害し、秋のオオスズメバチの襲撃に十分な対応ができない結果をもたらす。

IV　ニホンミツバチの生活サイクル

採ミツのため中ぶたを切り離す。

1　巣箱の中での新旧交代

倒れる群れ

　秋から分蜂の時期にかけて倒れる群れが多い。秋までに2歳女王の産卵が老齢のため止まり、蜂数の増殖も止まる。こんな群れはセイタカアワダチソウの蜜も集めない。強勢群だったのが蜜を残したまま凍死することがある【写真66】。蜜はあっても、お互い寄り合って暖を取るには蜂数が足りなくなったのである。日中、暖かいとハチたちは働きに出たまま寿命が尽き、女王も少数のお供のハチに見守られながら巣箱の床で、あるいは巣門から出て死に、巣箱は空になる。

　このようにして倒れた場合、巣板は気温が低いのでスムシに食われないまま残る。また、冬を乗り切って流蜜期になっても女王が産卵しないとハチたちは新しい女王を創出しようとして王台を次々に作り、その数が30にもなることがある【写真67】。そのうち他の群れで分蜂が始まると、弱い群れは乗っ取られ、少数のハチは女王と共に殺されてしまう。

　あるいは、なんとか乗っ取りは免れても、暖かくなってからスムシに占領され【写真68】、滅びてしまう。

分蜂の終わった巣箱の点検

　第Ⅱ章の「設置と管理」でも述べたが、ニホンミツバチの巣板は毎年更新しなければならない。最後の分蜂を終え、末娘の新女王が跡を継いだ巣箱は、採蜜のことも考え点検してみる必要がある。この時期採蜜できるかどうかは、花の咲き具合と旧女王の勢力、新しく替わった女王の力の相乗効果で決まる。十分な貯蜜があれば採蜜してよいが、その場合は、ある程度の流蜜があるわけで、その後すぐ貯蜜する。

　この時期の流蜜の中心をなすのは、九州では椎の花である。椎の咲き具合は年によって異なる。またこの木の開花時期は幼虫の増殖期とも重なり、その後の勢力を左右する。

旧巣箱の中の新女王の選択

　分蜂が終わって、母女王や姉女王は出て行ったので、末っ子の女王が引き継いで前女王が巣板の最下部に残していった幼虫を育て上げる。

　問題はその後で、引き継いだ古い巣板をどう処理するかという問題が待っている。貯蜜は古い巣板でもよいが、子育ては古い巣板は使わず、新しく作った巣板で行う。壊して作り変えるか、古い巣を捨てて家移りするか決断が迫られる。それは女王が決断するのではなく、ハチたちの合議で決まる。

　古い巣を捨てて出るほうが楽なようでも、貯蜜がもったいない。どちらにするか決められないとハチたちはストレスに陥り、人に八当たりをするようになり近づくと危険になる。

　この、末娘の継いだ群れの勢力が強く前女王の残した幼虫の数も多いと、働き蜂たちは産卵の準備をしてくれる。古い巣板を壊し新しく巣板を

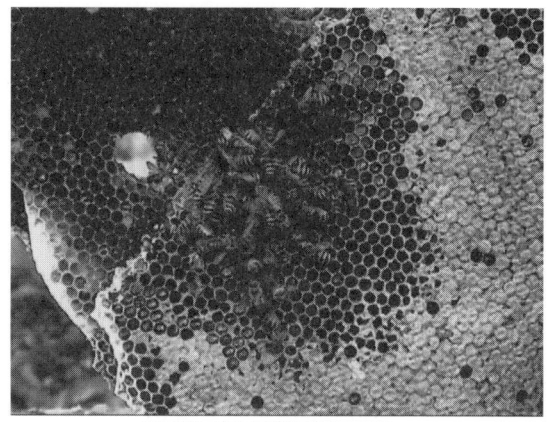

66. 蜂数が足りず冬が越せない。

67. 春になっても女王が産卵しない。新しい女王が作れない。

68. やがてスムシが巣板の撤去に取り掛かる。

117

作り、集蜜する。末娘女王は交尾をし、産卵をする。この女王の産卵力が優れていれば、この群れは順調に成長してゆく。

しかしもう1つ、そこを捨てて家移りする方法もある。古い巣板を壊す手間を省くのである。どちらを選ぶかは、旧女王の残した巣板の量と働き蜂の数プラス新女王の産卵力、それに貯蜜の量の総合で決まる。

点検法

自力で更新しているかどうかを知るには、基台より上部の巣箱を傾けて下から覗いてみる。ハチが巣板の先端を覆っていれば、吹くと、真新しい白い巣板が現れるのでわかる。やがてそこは育児房になる。

新しい巣板は柔らかく折れる恐れがあるので、巣箱を傾けるとき巣板の方向に傾け、倒しすぎないように注意する。

さらに蓋を取りスリットから覗いて、貯蜜のない古びた巣板が見えたら、古い巣板を持て余しているのである。その場合、採蜜と同じ方法で人が古い巣板を撤去してやったほうが良い。

蓋の被った蜜巣房が見えたら大丈夫である。

家移り（逃亡）

家移りを選ぶ場合は、幼虫を羽化させたあと出て行く。出てゆく1週間前から働きに出なくなり、花粉も持ち込まない。仕事のなくなった働き蜂たちは隣の空き巣箱を遊び場所にして「鬼ごっこ」をして遊ぶ。昆虫のくせに本当に遊ぶのである。哺乳類は子供がじゃれ合って遊ぶが、ニホンミツバチは働き蜂が遊ぶ。分蜂群が入ったと見間違うほどである。

当日は、巣板の上部に残ったミツを全部のハチが腹いっぱい吸って、分蜂と同じように巣箱を出る。

出ると、まずどこかに蜂球を作って下がり、新しい居場所探しをする。5月下旬から9月までに行う。

近くに待ち箱を置いておくとほとんど入るが、中にはいきなり遠くへ飛び去って見失うことがある。

1週間前から準備をするということは、先を見越して合議がなされたわけ

で、言葉がないとできないことである。セイヨウミツバチに逃亡がないのは言葉を持たないからと思われる。

家移り防止・古巣板撤去

最後の分蜂5日後ぐらいから基台の扉を開くか巣箱を横倒しして観察し、巣板の先端からハチがいなくな

69. 古い巣板を人が撤去してやる。

り古い巣板が剥き出しになったら、その巣箱の巣板は使用期限がきたものと考え取り払ってやる【写真69】。

巣箱を倒し、空巣板を下から掻きだす。ハチは抵抗することなく奥へ詰める。できるだけ奥まで、貯蜜のあるところまで引きちぎってゆく。場合によっては最上段の半ばまで撤去する。

この場合、桟が邪魔になるので、別に空の重箱2段を用意しておき、重箱を下から包丁を使って1つずつ切り外しながらハチを奥へ追いやり、残った最上段を先に用意した2段の重箱に乗せてもよい。

早すぎると騒ぎ、遅すぎるとすでに家移りの準備が済んでいる場合があり、やはり出て行く。

作業中、ハチは羽音高く空中を飛び回ることもあるが攻撃はしないので、落ち着いてゆっくり作業をし、重箱3段を元の場所に組み立てるとハチたちは戻ってくる。

このような荒療治は、晴れた日のほうがハチは温和なのでやり易い。

第Ⅲ章の1「採蜜の時期」(82ページ)では採蜜を兼ねての上からの更新を述べたが、ハチ自身は更新を上端から行うので人がしてやる必要のない場合があり、下からの更新を重視すべきである。

放置すると、自分で更新する力のある強勢群以外は夏の間に、すべて倒れるか逃亡する。

スムシとの関係

　自然界ではスムシが巣板撤去の加勢をしてくれている。強勢群であればハチたちが古い巣板を噛み砕いて空中に捨てるが、そうでないとスムシが巣板を食べる。スムシは巣板の上方から食べるので、ハチは軟らかくなった巣板のそのあたりを噛み切って落としたりする。そしてスムシが食べた跡を掃除して、そこに自分たちの新しい巣板を作り足し【写真70】、スムシが下へと食べていくのを追いかけるように巣板を作って行く。スムシに巣板撤去をしてもらっているのである。

　元々スムシは、群れがいなくなった後の巣板や、まだ活動している群れの場合は、再利用することのない古い巣板を撤去する役割を担っている。自然界では、スムシが木の洞の中の使用済みの巣板を撤去してくれるのでニホンミツバチは春に新しい生活が始められ、命をつないでいける。

　スムシは黒くなった巣板を食べる。幼虫の脱皮殻や排泄物を食べていると言われる。白や黄色の育児歴のない巣板は食べない。

　巣箱の中では常にスムシはハチのいなくなった巣板をねらっているわけで、空いた巣板をかじり始める。スムシは掃除屋である。

　時にはスムシの勢力が強く、巣箱全体を占領するために、ニホンミツバチは追い出されることがある。その場合、いったん木の枝などに下がるが、神経質で攻撃的で、空腹のため羽音が弱々しい。またこんな群れは一般的に小さく、収容しても結局滅びると思ってよい。収容しないとそのままそこで餓死して滅びる。

　ニホンミツバチとスムシとの関係は、敵対関係ではなく共生関係と考えたほうがよい。巣板をスムシに壊してもらえばそれだけ労力の節約になるし、もし倒れてしまったら、スムシが後の掃除をしてくれるので次の分蜂時期には新しい群れがそこを住居にすることができる。スムシはミツバチが世代をつなぐのに必要な存在である。

　屋根裏、床下など広い空間に営巣している巣板にはスムシはほとんど付かない。床に落ちた巣粕で孵化したスムシの幼虫が巣板のところまで這い上がれないからである。ハチの側から言うと、空間が広いので新しい巣板を作る

ためには隣に移動すればいいことで、古い巣板を壊してもらわなくともよいのである。

床に巣のかじり滓が溜まるとスムシが発生しやすいので掃除してやってもよいが、人の仕事が増えるだけである。勢力が強いと自力で掃除する。

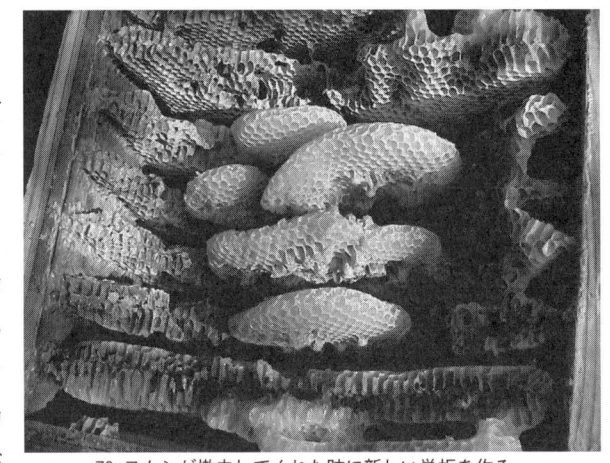

70. スムシが撤去してくれた跡に新しい巣板を作る。

また、巣内を観察していると、ハチが床のスムシの巣の上で、蜘蛛の糸のようなスムシの糸を千切っているのを見ることがある。どうやら、巣板の材料を強化するために蝋と混ぜるためではないかと思われる。

スムシ対策は全く無駄なことである。

2　逃亡と消滅

逃亡には理由がある

　ニホンミツバチは逃亡するので飼養が難しいというのが定説になっているが、私にはそういわれる理由がわからない。元々野生種なのだから、より環境の良いところに移るのは当然である。逃亡でなく引っ越しである。その引っ越しもめったにしない。特に幼虫がいるときは、少々の困窮の中でも死ぬまで巣を守って頑張る。理由のない逃亡はない。

　分蜂後、逃亡が一番早く起こるのは、分蜂群収容の翌日か翌々日である。巣箱が気に入らないこともあるだろうが、最大の理由は蜜源不足と過密である。それに近親交配の回避であろう。

　戦後ニホンミツバチが絶滅した長崎県の離島に、2007年と2008年にニホンミツバチを復活させたが、そのときこのことがはっきりわかった。最初の年の分蜂時にはほとんどの蜂場で逃亡はなかったが、2年目からは逃亡が頻繁に起こった。分蜂したらすぐ、他の蜂群のいない空白地帯に向かって飛び去るのである。空白地帯がどこなのか知っているのに感心させられる。分蜂群を収容しても、2～3日後に掌くらいの巣板を残して飛び去ったりした。

　最初にニホンミツバチを復活させた宇久島は直径7キロほどの小さな島であるが、2年目の分蜂期の終わった時にはニホンミツバチのいない場所はなくなった。島の全域に大体同じ距離を置いて集落があり、その集落ごとに墓地があるが、ほとんどすべての墓地に1群が営巣を始めた。集落間の距離の長いところでは、その中間にある神社の灯篭の台座の中に営巣している。すなわち、島全体にほとんど均等にニホンミツバチが散開したのである。

　島を一巡する海岸には浜ダイコンが自生しているが、どこの浜ダイコンの花にもミツバチの姿が見られるようになった。日本の他の場所では、絶対に見ることのできないニホンミツバチの驚異的な潜在能力が証明された。壱岐島でも2年目の2009年の春、同じような逃亡が頻発した。

　セイヨウミツバチは餓死しても現在の巣箱から滅多に動かないが、この無

Ⅳ　ニホンミツバチの生活サイクル

能さは家畜としては都合がよいかもしれないが、自然を守るという観点からは大して信頼できる資質ではない。

　おかげで、宇久島のどこででもスイカやカボチャが作れるようになったが、納骨もお参りもできないという苦情もあった。

　分蜂し、枝に下がっているのに近くの空き巣箱に捜索ハチが来ないまま収容した場合、ほとんど逃亡すると思ってよい。収容したのに、その巣箱を出て、いきなり遠くへ飛び去るのもいれば、いったん元の枝に戻ってから飛び去るのもいる。

　巣板の充満による家移りについては述べたが、似たようなことで、大群の場合、巣箱の容積が足りなくても逃げ出すことがある。3段で逃げ出すことはないが、2段だと巣板が成長した後で逃げ出すことがある。逃げずに巣箱の外側に巣板を作り子育てをして頑張る場合もある。

　よく逃亡と勘違いするのが、交尾飛行に出た女王がツバメに食べられたか隣の巣箱に入って殺されたために、後に残されたハチたちが近くの他の巣箱に分散して入り、家族にしてもらう事態である。この場合も後には小さな作りかけの巣板がある。

　もう一つ、逃亡と勘違いするのがネオニコチノイド系の神経毒農薬による消滅である。死骸は見当たらないので逃亡と思うのであるが、ハチは方向感覚を失い帰巣できず、内勤のハチも死を悟って巣を飛び出し、ついにいなくなるのである。暖かいときは巣板がスムシにやられるが、気温が低いとスムシはおらず、きれいな蜜入り巣板が残る。

　普通、従来の有機リン系農薬で死滅する場合は、巣門前に幼虫を捨てたり、働き蜂の死骸が散らばったりする。

　餓死の場合は、主に越冬用貯蜜不足か長雨によって食糧が絶え、女王は産卵を停止し、数を減らしてゆく。ハチたちが働きに出なくなってから死滅するまでに1カ月以上かかる。

　逃亡の場合は、巣箱を出ていきなり遠くへ飛び去ることはしない。分蜂と同じように一旦近くの枝に集合してから飛び去る。

　以下に、様々な理由による逃亡（移転）と消滅について述べる。

巣内の高温

　逃亡には緊急なのがある。一番多いのは、夏、直射日光で巣内の蝋が融けるほど熱くなり、逃げ出す場合である。
　しかし幼虫が多いと、母性愛（姉妹愛？）のため中々逃げ出そうとはせず、ハチは蜜まみれになる。僅かに生き残ったのを収容しても回復は困難である。屋根裏に営巣した群れもこの熱の被害に遭うことがある。
　夏日の当たるようなところには設置しないことである。逃亡しなくても繁殖は鈍る。どうしても良い場所がない場合、すだれを掛けたり、屋根を広くし、さらにその屋根と蓋との間に小石などを入れてすかす。

逃亡の受け皿

　夏、晴天の日が続き、空き巣箱に捜索ハチがやって来た場合、逃亡群の疑いがある。しかし、すぐに移転して来るわけではない。元巣の近くに蜂球を作っているはずであるが、日照りが和らいだら元の巣に戻る。どちらにするか見計らっているのである。この間、個々に巣に戻って熱で融けた巣房のミツを食べて飢えを凌いでいるが、それも10日くらいが限界である。巣板のダメージが大きく、修復困難であるか、気温が下がらないと移転してくる。一旦、巣を捨てたものの、季節が変わるまで待って元の巣に戻るか、新しい住処を探すか、どちらがエネルギーの損失が少ないか判断に迷っているのである。
　こんな群れが空き巣箱にやってきたら、巣門前に、ハチミツで味付けした砂糖水の給餌器を置いて誘引し、決断を促す。移転してきたら、飽きるまで給餌を続けたほうがよい。
　10月になってからまで、どこからか逃亡群がやってきて蜂球を作って下がることがある。収容したら給餌を忘れてはならない。オオスズメバチから逃れてきた可能性が高い。

オオスズメバチの襲撃

　強勢群だとオオスズメバチは近づきもしない。弱いのから襲うのである。

弱いのは襲われると籠城してがんばる。1カ月以上がんばって生きのびる場合もあるが、ほとんどは逃亡する。この場合は、近くに蜂球を作らないので、行き先不明になることが多い。100メートルくらい離れた所に蜂球を作ることが多い。

もし行き先を突き止め収容して他の場所に移しても、もともと弱い上に、それまで積み上げてきたものを捨てて出ているので、さらに弱体化しており、再びオオスズメバチに襲撃され、結局は滅びると思ってよい。中には、オオスズメバチのいない都市部に逃げて行く利口な群れもいる。

オオスズメバチが原因の逃亡群を収容した場合は、元の場所に戻すと再び飛び出す。100メートル以上離れたところに置いたほうがよい。そしてセイヨウミツバチ用の捕獲器か、後述する私の考案したスズメバチ防止器を取り付ける。

また逃亡に際してはミツを腹一杯に入れ、蜜房を噛み破っているので、巣板は再利用できる状態ではない。それに床がミツまみれになっていることがある。その巣箱を収容に使う場合は、巣板を取り除き、掃除をしてからにする。

死滅

最初から蜜源の乏しそうな環境には置かないことである。雑木の森の広がりと果樹や草地が十分にあるかどうか見極める。

分蜂収容後あるいは逃亡群収容後に起こりがちなのが、巣箱の底に死骸が4～5センチも積もったまま死んでいることである。収容後、蓄えがないまま、長雨で集蜜できないことから起こる。分蜂直後に梅雨に入ったような場合、給餌をすべきである。

また、木の下に死骸が固まっていたりすることもある。これは、分蜂はしたが新しい住居が見つからず、体内に蓄えていた蜜が底を尽き、木の下に落ちたのである。遅く分蜂した群れに起こりやすい。

このような状態になる寸前の群れは、蜂球からパラパラと落ちていて精根尽き果てた様子が見て取れる。収容したら、早急に給餌が必要である。

蜂場過密で食糧不足をきたすこともある。蜂場の全群が1年ですべて元気

をなくす事態が起こったら、それを疑ったほうがよい。まず蜂場の中に強勢群が1群もいなくなる。次にオオスズメバチの攻撃で全滅する。

雑木の乱伐

後述の「絶滅の原因」(173ページ)で詳しく述べるが、九州では最近ニホンミツバチの消滅が広がった。伝染病ではないかとの説も出てきて、私は宮崎のニホンミツバチ仲間から倒れた巣箱の巣板を送ってもらい、私のニホンミツバチの巣箱に入れてみたが何事も起こらなかった。

私はセイタカアワダチソウの咲く時期に1泊2日を3回、自家用車で南九州と山陰、中国山地へ調査に出かけた。セイタカアワダチソウにニホンミツバチが来ている所と来ていない所の周りの環境を数多く見ているうちに、原因は案外単純明快であることがわかってきた。食糧難である。ニホンミツバチのいないところで360度頭を巡らせると、植生の多様性がないことに気づく。典型的なのが九州山地の針葉樹の過剰造林である。見渡す限り、山並みの頂上まで杉の森に被われている。重要蜜源である雑木はほとんど見当たらない。過疎地ほどその傾向は強い。

雑木がなくなればニホンミツバチは消滅し、ニホンミツバチが消滅すれば農業は衰退する。この連鎖が見えないまま、針葉樹の造林が行われたと言わざるをえない。

最近の温暖化で長雨と乾燥が地球にもたらされているが、蜜源が減少しているところでは、どちらもミツバチを消滅させる。それは飢餓による女王の産卵停止から始まる。ハチは寿命の尽きた順に少しずつ数を減らし、1カ月以上かけて1匹もいなくなる。最後に死ぬ女王蜂すら死骸を残さない場合が多い。日常的に観察していないと逃亡したと勘違いする。

外勤蜂は、ほとんど外で働きながら突然寿命がつきる。働き手を失った内勤蜂は、飢えで死期を悟ると自ら巣を出る。死骸はアリが片づける。お伴のいなくなった女王蜂も巣箱から歩き去って最期を迎える。

農薬被害

稲田と果樹園が近くにある場合は、農薬散布のことを念頭に置かねばなら

Ⅳ　ニホンミツバチの生活サイクル

ない。いや、大規模農場であればどんな作物が栽培されてあっても近くに置いてはならない。ネオニコチノイド系と言われる最近の農薬はすごい性能である。この農薬をオオスズメバチの巣に適用すると、反撃の余裕を与えることなく一瞬に壊滅させることができる。私はオオスズメバチ保護論者なので、具体的な方法の開示は勘弁していただきたい。

　短期間にミツバチが死滅する時はすべて農薬が原因だと思ってよい。

　稲田の場合、カメムシ駆除に、動噴だと2000倍に薄める農薬を、有人ヘリで空中散布する場合は500倍で、無人ヘリは8～10倍である。

　巣箱を覆うように漂ってくる農薬の被害は突然起こるので、群れは逃亡のチャンスを逃す。巣箱内に農薬が入らないように、大勢が巣門に出て外に向かって扇ぎ続けるが力尽きる。1つの蜂場が1日で崩壊する。風下だと3キロくらい離れていても、ほとんど全滅する。3メートル以上の風速のある時は散布しないことになっていても、散布者は誰もそんなことを気にしてはいない。第一、誰も風速計など持ってはいない。

　2008年には、私の蜂場や友人の蜂場では過去最高の被害が記録された。2009年にはその記録をさらに更新した。近くの友人の一人は、セイヨウミツバチであるが、前年120群のうち70群を失い、この春90群に回復していたが、秋には1ケタになった。別の友人は2009年だけで30群のニホンミツバチがゼロになった。

　巣内で蜂数が減ってくると幼虫房の温度を保つだけの蜂数が不足し、幼虫は凍死する。そんな場合も白い幼虫を巣外に捨てる。

　また最近は、種子を農薬に浸してから蒔く場合が多い。茎に虫がつかなくするためだそうである。当然その農薬の成分は実にも花粉にも到達するはずである。農家は自家消費分にはほとんど農薬を使わない。

　ミツバチは、様々な様態で農薬の被害を蒙っている。汚染源との距離によって、一瞬に崩壊することもあれば、1週間かけて崩壊することもある。どちらの場合も、ミツを蓄えた真新しい巣板が残るのがこの農薬の特徴である。

　死滅は蜂場のすべての群れに及ぶ。

　これが有機リン系農薬だと被曝地が遠いと蜂場の中に生き残る群れもいて、農薬の散布時期は長くないので、勢力を盛り返すこともあるが、そんな場所

はその次の年も農薬散布はあることなので蜂場を移動させねばならない。しかしネオニコチノイド系だと、避難先は容易に見つからない。こんな農薬は禁止させなければならない。

　ハチが死ぬようなところには人も住んではならない。無臭の農薬を24時間吸い続けている可能性がある。

　友人の一人は農協に行って訴えたら、人には無害だとの答えだったそうである。人体実験で確かめたりできるはずはないのに無責任な言である。

　空中散布などはハチだけでなく、その地域の全ての昆虫、さらには地中生物をも殺し、土壌を荒廃させるはずである。さらに地下に浸透し、蓄積されていっているはずである。

　農薬を全廃するのが不可能であれば、短期間に分解して無毒化する農薬を開発すべきである。

V ニホンミツバチが人を刺すとき

冬の朝、巣門に出てきた門番蜂たち。

1　刺されないために

最初の出会いが大事である

　人がニホンミツバチに対して犯しやすい最初の過ちは、前にも述べたが、分蜂群収容のとき手荒く扱うことである。分蜂群をブラシなどで、埃を払うように無造作に巣箱に払い込んだりしてはならない。巣箱を出て分蜂球を作り始めたら見守り、乳房の形になって落ち着くまで待ち、それから静かに収容作業を行う。ここで失敗すると気の荒い群れになる。
　ハチ類は先制攻撃しない。攻撃的なのは、巣に対して人間が最初の出会いで手荒く扱ったのが原因になっている場合が多い。
　セイヨウミツバチは燻煙器で煙をかけると大人しくなるが、ニホンミツバチには効かない。ニホンミツバチは力ずくで従わせることはできない。逃げるという行動パターンもない。本来は臆病な生き物である。特に、人が近くにいると警戒を怠らない。ニホンミツバチと付き合うには、優しく接することである。
　そうすると必ず信頼関係が生まれてくる。ここのところは、同じミツバチでありながらセイヨウミツバチとは違うところである。セイヨウミツバチも優しく接すると大人しい群れにはなるが、ちょっとした人間側のミスで信頼関係が壊れると、滅多に修復できない。

　ニホンミツバチに近づくときは、まず、挨拶を忘れてはならない。遠くに置いている巣箱に数カ月近づかないと、世代交代しているせいもあるが、人の匂いを忘れている。群れ全体が、初めて知る人の匂いに、敵ではないかと不安になるようである。巣門にざわめきが起こり、2～3匹が人の顔の周りにやってきて、巣に近づかないよう、牽制する。
　構わずに近づくと、多数のハチが一斉に飛び上がり、数匹が顔面を刺すことがある。
　久しぶりにハチに会うときは、ゆっくり近づき、飼い主がきたことを知ら

せる。尻の先端の白い縞を目立たせているハチがいるはずであるが、そのハチは「怖いよう」と言って、警戒フェロモンを出しているのである【写真71】。止まっているハチだけでなく、帰って来る働き蜂も白い縞を広げている。内部でもハチたちが羽と身体を震わせ、ざわつきが起こっている。

71.「変な人がいて怖いよう」と言っている。

　もしこうなったら一応逃げて、30秒でいいので、時間を置いてやり直す必要がある。「危ない」と思って、再び近づこうとしないのは良くない。ゆっくり近づいて、白い縞のハチの数が少なくなっているか見る。次に、「大丈夫だよ、友だちだよ」などと、低い音程の声で言いながら巣門のハチに指を近づけてみる。動じなければ安心したのであり、受け入れたのである。

　何か作業をする時は、最初にこの指を近づける挨拶は欠かせない。その後は、巣門の扉を開けて手を入れ、ハチの塊に触れても大丈夫である。この挨拶さえ欠かさなければ面布なしで採蜜もできる。(まして、燻煙器を使ってはならない。敵対関係を生むだけである。)

　身近に飼っている群れであっても急に近づいたり、巣箱の前を走ったりすると驚く。人間が巣箱の存在を忘れていても、ハチはいつも人間の存在を意識している。時々、指を番兵に近づけたり、番兵の脇腹をくすぐったりのスキンシップが要る。

　日常的にスキンシップのできているハチだと、菜の花畑などで訪花しているとき指を近づけると、指に乗ってくることがある。他所のハチだと絶対に逃げる。他にこんなことをする昆虫はいない。(オオスズメバチもここまで馴らすことができるはずだと思うが、まだ試していない。)

　ハチたちが羽を震わせて出す「シャーッ」という羽音をシヴァリングと呼ぶが、このシヴァリングも危険を表す言葉である。(セイヨウミツバチはシヴァリングをしない。) 1匹のハチから起こったシヴァリングは波のように全巣に一瞬にして伝わり、全群が1つの意思を共有することになる。上記のような

出会いで、巣門のハチがざわつくときは、巣箱の中ではシヴァリングが起こっている。シヴァリングはその音の大きさによって危険度を表している。人には音が聞き取れない小さな振幅のシヴァリングもあるが、それは最小の危険度、すなわち「心配ないよ」の意味である。

分蜂群が新しい住処に入るとき、仲間に「みんな入れ」の意味でお尻を空中に突き出し、集合フェロモンを放出するが、同じ動作を見知らぬ人間が近付いたときも行う。仲間には「早く入れ、変な人間がいるよ」と言っているのであるが、人間に対しては「あっち行け」の意味になる。同じ言葉が相手によって違った意味になるのが蜂語の文法である。

巣箱に衝撃を与えない

最も刺される可能性が高いのは巣箱に衝撃を与えた場合であるが、これも人への信頼感があれば全く刺さない。流蜜期で集蜜に忙しいときは人間などに構ってはおれないし、番兵も集蜜に動員されていていない。第一、集蜜が楽しく、少々のことでは怒らない。忙しく、巣門の出入りが激しいときほど温和である。巣門の扉を開き、床を掃除してやるのも、蓋を開けて採蜜するのも、こんなときである。

逆に、気温が低く、巣門が静かなときほど危険である。もしうっかり巣箱を蹴ったりすると番兵たちが出て来る。人に馴れていたら、こちらの顔を見ただけで巣門の中に戻るか、1匹の番兵がこちらの顔の前を甲高い羽音で飛んで「今のはあんただったろう」という素振りをする。こちらは動かないほうが良い。

馴れていないと、数匹の番兵がいきなりこちらの顔に飛びかかってくる。とっさに行動しないと刺される。振り払いながら逃げる。10メートルか20メートル逃げると追うのを止める。1分ばかり待って再度近づくとほとんど気分を直している。

番兵が巣門にいない巣箱を蹴った場合も逃げたほうがよい。巣門に出てくるのに数秒かかるので、その間にそこを離れるのである。

羽音を聞く

　ハチの羽音は常にそのときの気持ちを表現している。ニホンミツバチが巣箱と花蜜のある場所とを往復するときは、全く羽音を出していないと思われる。とても飼い主に馴れた群れは、飼い主が巣門の傍にいても、耳元を無音で通り過ぎるからである。羽音が聞こえるときは何か言っているのである。何を言っているのか、長く付き合っていると聞き分けることができるようになる。

72. 人に馴れる。セイヨウミツバチにはできない。

　巣内のハチ同士は常に隣の個体と体毛を通して意思伝達がなされており、何事があってもすぐに統制のとれた行動に移れる。

　時期によって、あるいは彼女らの内部事情によって気難しくなるときがあるが、それも長く付き合っていれば巣門を見ただけでわかるようになる。

　繁殖期は嬉しいのか、羽音は朗らかで、温和である。花蜜が豊富なとき、ミツが充分貯まっているときも同じである。また、強勢群ほど温和である。（セイヨウミツバチは逆。）しかし、冬に入ると盗蜂を警戒するためか気難しくなり、人のちょっとした動きで高音の羽音を出す。

　女王の産卵力が落ちてくると、群れ全体が落ち着きをなくし、怒りっぽくなる。それは後述するが、季節に関係なく起こる。

ニホンミツバチは人に馴れる

　お尻から出すフェロモンとシヴァリングは危険を伝える言葉であることは述べたが、その人間が危険ではないと一旦認めると、それは群れ全体の認識になる。すなわち、信頼関係が生まれるのである。1匹にゆっくり指を近づけて触っても動じないし、中には指に乗ってきたりするのが現れる【写真72】。

　ニホンミツバチはセイヨウミツバチに比べて羽音が小さいのであるが、飼

い主に可愛がられている群れは、巣箱の傍にいても羽音がほとんど聞き取れない。

凶暴な群れとの仲直り法

　群れの中にはいつも攻撃的なのがいる。人の気配がしただけで、オオスズメバチに対するように巣箱の前面に展開し臨戦態勢をとる。離れたところから巣箱を眺めているだけで刺されることもある。玄関横の床下に営巣していても凶暴なのがいる。人気のない山中に置いている群れで、いつ行ってみても巣門にざわつきが起こるのがいる。全てのハチが凶暴で、巣箱を動かしたりすると100メートルくらいは追っかけてくる。

　分蜂の段階から凶暴で、分蜂球に5〜6メートル近づいただけで表面がざわつくのもいるが、そんなのは元巣にいる時から凶暴だったはずである。

　こんな群れからは採蜜もできない。採蜜に取りかかっても、あまりの攻撃の激しさに「そんなに嫌なの？」と、こちらは途中でやる気を失くすのである。心理戦で負けてしまう。

　私も以前は、それは生まれつきの性格だと思っていたが、実は、人が過去に痛い目にあわせたせいだとわかってきた。子供が巣箱に石を投げつけたことなどあるのかもしれない。凶暴なのは、人に対して臆病になっているからである。

　こんな群れは、1年経っても自然に温和になることはない。人間の側から仲直りを申し込まなければならない。

　面布を被り、巣箱の横に座る。ハチたちのお尻の先の白い節が幅広くなっているのがわかるはずである。顔に間断なく攻撃を仕掛けてくるので、ゆっくり4〜5メートル離れる。追っ払い攻撃なので、それを受け入れるのである。4〜5分我慢すると来なくなるので、再び巣箱に近づく。すると攻撃が再開される。今度は2〜3メートル離れる。来なくなったら少しずつ近づく。最後は巣箱の横に座る。優しい口調で声をかける。「お利口さんだから刺さないでね」「大丈夫だよ、友だちだよ」などと言う。番兵たちのお尻の白い輪が小さくなってゆくのがわかるはずである。危険信号の匂いを出さなくなったのである。帰還するハチたちの羽音も柔らかくなる。この間20〜30分であ

る。巣箱の端でこちらを見ている番兵を素手の指で突いても、全く動じないようになっているはずである。

ハチたちが凶暴になる場合

もちろん、凶暴になる原因がすべて人間の側にあるわけではない。ハチ自身にある場合もある。一番多いのが女王の産卵が尽きたときである。

73. 王国の末期。ハチはいら立っていて危険である。

女王が老齢で産卵が停止すると、王国に存亡の危機が迫り、どんな群れも荒くなる。女王が3年目に入る前後に起こりがちである。

強勢群だったのが、急に黒いハチが多くなり、凶暴な群れに変身していることがある。食糧も不足するのか腹が細い。新しい生命が生まれてこず、だんだん黒い老蜂だけになって、絶望してゆくようである。

暖かいのに働きに出ず、黒い年老いた番兵たちが落ち着きなく動きながら巣門にたむろするようになると危険である。人が近づくと番兵たちが巣門から出て来て、お互い間隔を取って並び構える【写真73】。集合フェロモンは出していないのでお尻は白くない。人が動くと、甲高い羽音で忙しくジグザグに飛ぶ。巣箱に少しの振動を与えただけで目や耳の穴、鼻の穴を狙って攻撃する。人の急所を知っている。すごく危険である。

どの群れにもこれは起こりうるので、玄関先で飼うのは問題がある。こうなれば人気のない所へ運ぶか死滅させる以外にない。放置しても1カ月後には倒れる。

女王を排除して他の群れと合同させたらいいのであるが、重箱式では女王を捕まえることができないし、老蜂だけの群れではそれも意味がない。日ごとに蜂数は減り、やがて女王蜂だけになり群れは消滅する。

女王蜂死亡の場合は別

女王がツバメに食べられるなどして死亡した場合も活動を停止するが、春であれば狂暴にはならず、逆に無気力になる。空腹どころか餓死寸前であっ

74. 無王の群れを有王群に合同させる。

75. セイヨウミツバチがニホンミツバチに居候している。(口絵参照)

ても人を刺さない。幼虫も少なく生きる目的を無くしたわけで、巣を守ろうとしない。やがて他のニホンミツバチが盗蜜にやってくるが、その盗蜂群をすんなり受け入れ、やがて同化して盗蜂側に一家転住をする。盗蜂側も手が足りないのか、すんなり受け入れる。

そんなことに気づいたら巣箱を盗蜂群の巣箱の横に移し、半分向かい合わせるように置くと【写真74】、直ぐに合同する。自然界ではこの種の合同はよく行われているものと考えられる。セイヨウミツバチにもあることで、ニホンミツバチの巣箱にセイヨウミツバチが勝手に居候していることもある【写真75】。扇いだり花粉を持ち込んだり口移しでミツを渡して番兵を買収したりしている。

人との衝突

ハチにストレスがなくとも危険な場合はある。私自身の経験であるが、家の前の道を通っていた中学生の女の子が刺されたことがある。事情を聞いてわかったことであるが、薄暗くなった夕暮れ、ハチが低空で帰巣中彼女の側頭部に衝突し、髪の毛に絡まったのである。彼女は無意識にハチに触れ、耳

の上を刺されたのであった。それ以後、道の近くには置かないことにしている。

ついでながら述べておくが、気温が7〜8度以上あれば、日没後もハチたちは働く。春の繁殖期は日没30分後が門限である。太陽コンパスの無くなった薄暗い中、どのようにして帰巣するかというと、巣門からの数匹のハチがお尻を立てて出す集合フェロモンに頼っている。

また、日没後巣門をハチが次々に飛び出すが、それは空中に帰巣路を示すフェロモンを振り撒くためと思われる。それらのハチは静かな羽音でまっすぐ巣門に戻って来るが、集蜜から帰ってくるハチは「どこどこ？」というように、荒い羽音で帰ってくる。そして日没30分後の門限を過ぎるとすべてのハチが巣箱の中に入ってしまい急に静かになる。

隣家の灯りに行く

危険ではないが、近所に迷惑をかけることがある。いったん巣箱に入ったハチが何故か近くの人家の灯りに幻惑され、窓を開けていると入ってきて力尽きて死ぬ。それが夜中の12時だったりする。仰向けの死骸は踏んだら針が刺さる。家の近くに設置する場合は、巣門は明かりのほうに向けないようにすべきである。

他の群れの匂い

ハチがもっとも攻撃的になるのは、ある巣箱を扱う時、他の巣箱の匂いを人間が身に付けている場合である。1つの箱の採蜜が終わって、次の箱に行ったら猛攻撃を受ける。蓋を開けた途端、一斉に羽音高く飛び出し、匂いの強い手袋やシャツに群がって刺す。顔にも来る。巣門からも群れをなして飛び出す。手袋と袖の境目など体臭の出ているところに潜り込んで刺す。逃げるのが一番だが、どこまでも追っかけてくる。

3分もすると攻撃モードは終わり、全員巣箱に戻って平静になるので、今度は手袋、シャツを替えて作業を再開する。急ぐ場合はビニール袋で両腕を被ったらよい。採蜜時だけでなく、分蜂捕獲、巣板の掻きだしの際も同じことが起こる。

実際に刺されてしまったらどうするか？

　まず剣を抜く。すぐに蜂蜜を塗る。これが一番効く。口で吸いだしたり、指で搾りだしたりする。水で洗い、あるいは唾で洗う。その後冷やす。氷で凍傷になるくらい冷やす。
　何回も刺されて免疫ができておれば、腫れることはないのであわてることはない。痛みは5分ほどで消える。
　刺される前に手はないのか。人が本能的に行う通りにするのが一番いいようである。顔に来たら顔を振り、手で振り払いながら逃げるのである。皮膚に接触を感じたら素早く叩き潰し、刺す余裕を与えない。
　しかし、ハチは、牽制あるいは威嚇のために、顔の前で左右に飛んで往復運動をすることがあり、そんな時は後退すればよい。振り払ったりするとかえって攻撃を受ける。本気なのか牽制なのか見分けるのは、よほど経験しないと難しい。
　刺されるときは一般に不意打ちであるが、もしその危険が予測されるときは、木酢を霧吹き器に入れて持ち歩き、迫ってきたハチに吹き付けると一瞬にして退散する。前もって自分の顔の周りに吹き散らしてもよい。

人間の存在を意識している

　巣箱の前を何個か庭石を転がしたことがある。ハチたちが巣門に出てきて私を見ていたが、私がいつまでも作業を止めないので、痺れを切らし、顔の前で飛び始めた。地面を伝わる振動を嫌がったとしか思えない。
　次は農業をやっている友人の話であるが、レンゲ田を耕運機で耕していたらセイヨウミツバチに顔を刺されたそうである。集蜜活動をしているのを邪魔されて怒ったのである。こんな場合、ニホンミツバチは顔に体当たりをするだけだと言っている。
　ニホンミツバチは、刺すほどのことではないと判断したら体当たりだけで済ます。瞬時に行われるその判断は実に適切である。また、耕運機を動かしているのが人間であることを知っているように思えるが、不思議である。
　私も庭で巣箱を掃除したあと、散らかった巣板の屑を箒で掃いたら、巣板

Ⅴ　ニホンミツバチが人を刺すとき

の屑の蜜に来ていたハチたちが顔に体当たりしたことがある。掃き方がもう少し荒っぽかったら刺したかもしれない。

　刈払い機を使っていて刺された人もいる。排気音に反応して攻撃すると言う人がいるので、実験のために刈払い機を巣箱の前で回してみたことがあるが、ハチたちは全く反応しなかった。また、試しに排気ガスを巣門に吹き付けてみたが、ハチは中に引っ込んだ。攻撃するのは、馴れていないハチが集蜜活動を邪魔された時と、刈り払いの草の破片が巣門に降りかかった時である。

　人の存在には無関心のようで、実は巣箱から10メートル以内にいたら、人の匂いを感じ取っており（人の吐く炭酸ガスを感知しているという学者もいる）、常に人の存在を意識していると考えたほうがよい。

2　オオスズメバチ対策

中心問題はオオスズメバチ

　オオスズメバチの越冬した女王蜂は4月に入ると、ときどきニホンミツバチの蜂場に姿を見せて、巣門の外に出された蜜の結晶片を拾ったりする。大柄で艶のある美しい身体をしている。ニホンミツバチを捕える素振りはなく、ニホンミツバチも無関心である。しかし盆を境に働き蜂が現れ始め、本格的な襲撃が始まる。ニホンミツバチと同じ気温、6℃で活動を開始する。

　キイロスズメバチやコガタスズメバチは毎年7月に現れ、11月末までいるが、オオスズメバチが現れるのは例年盆明けであった。ところが2006年からは異変が起こり出したようである。年によって大きな違いが出るようになった。2006年は10月13日に、例年より2カ月遅れで最初の4匹が私の庭に現れた。この年の5月は多雨だったのが影響していると思われた。2007年は9月15日。2008年は10月2日、2009年はついに現れなかった。友人に問い合わせたところ、やはり現れないというところがあった。私の庭には4月に女王蜂が来ていたのである。農薬が影響しているとしか思われない。

　年によって現れる時期に違いはあっても、巣が空になるのは例年、年末なので、年によって生存期間に違いがあることになる。生存期間が短いと繁殖に障害が生ずると思われる。

　ニホンミツバチを攻撃するのは、普通子育ての終わる11月上旬までである。子育てが終わったら命をかけてまでは襲わないらしい。

　コガタスズメバチ、ヒメスズメバチ、キイロスズメバチは、ニホンミツバチを1匹ずつしか捕らえず、また、下手をすると逆にニホンミツバチに捕まるので大した被害にはならないが、オオスズメバチは、ニホンミツバチが弱群だと大挙して滅ぼすので、対策を考えなければならない。

　しかし、基本的にはオオスズメバチはニホンミツバチの絶対的な敵ではないということも認識しておく必要があろう。オオカミとシカとの関係と同じで、オオスズメバチがいないとニホンミツバチは飽和状態になるまで繁殖し、

食糧が尽きて共倒れすることになる。また、人がニホンミツバチの蜜を採取できるのはニホンミツバチの数が飽和状態になっていないからであり、それはオオスズメバチのお蔭なのである。

この2種のハチはお互いバランスを取って生息

76. オオスズメバチが偵察にやってきた。「全員戦闘配置に付け」。

するのが望ましいが、最近は人が自然を破壊し、ニホンミツバチから食糧を奪い、死に追いやっている。また地球温暖化によっても花の咲き方が悪くなっている。それに農薬の被害も深刻になってきている。あれやこれやで体力の弱ったニホンミツバチはオオスズメバチに一掃される恐れがある。

殺すか殺されるか

まずはオオスズメバチとニホンミツバチの接触の場面から述べてみたい。

最初に蜂場にやって来たオオスズメバチは、ニホンミツバチの巣門の前で一瞬立ち止まり、群れの強弱を識別しながら一周する。それから一番弱い群のところに行って襲撃を始める。

ニホンミツバチはオオスズメバチが近付くと、まずは自分たちの蜂数の多さを誇示しなければならない。蜂数が多いとオオスズメバチは襲撃を断念する。下手に襲撃をすると、自分が逆に殺されることを知っている。

ニホンミツバチは警戒警報を発し、多数のハチが外に出て来るが【写真76】最初は尻を上に向けて扇ぎ、帰ってくる働き蜂に「怖いのがいるよ。早く巣箱に飛び込め」の集合フェロモンの合図を送る。帰って来る働き蜂は、待ち構えているオオスズメバチを上手くかわし巣門に飛び込むので、ほとんど捕まらない。

オオスズメバチは弱い群れを攻撃する場合でも慎重で、床に降りて1匹離れたのを捕まえようとする。ニホンミツバチは、そんなオオスズメバチの後

77. オオスズメバチが振りかけて行った匂いを舐め取る。

78. オオスズメバチを捕まえた。草の葉をアンカーにして蜂球を固定している。蜂数が少なくて済む。

ろから忍び寄って脚に噛みつこうとする。それに気づいたオオスズメバチは慌てて飛び上がる。時にはニホンミツバチがオオスズメバチを捕まえる。1匹が捕まえると周りから一斉に飛びかかり、オオスズメバチをハチの塊の中に取り込み殺す。

　床に降りると危険なので、空中で捕まえようと試みるがニホンミツバチは空中ではほとんど捕まらない。オオスズメバチをヒラリとかわして巣門に飛び込む。時には、小回りのきく有利さを生かしてオオスズメバチをからかう。巣箱のほうを見てホヴァリングをしていると、帰ってきたハチはオオスズメバチの頭を蹴っ飛ばしてから巣門に飛び込む。

　オオスズメバチはニホンミツバチを攻撃したときは、自分の出す匂いを巣箱の周りに仲間への目印として振りかけて去る。ニホンミツバチは、再攻撃を受けないように、大勢が巣箱の外に出て、その匂いを硬い舌で舐め取ったり【写真77】、舐め取れないところは赤や黒の物質で覆ったりする。

　オオスズメバチは、そのような攻防戦を通して4～5匹殺されると【写真78】、以後はその群れへの攻撃を断念し、巣箱前を素通りするようになる。

　強勢群は巣門が広くても侵入されることはないが、中小群は巣門が広いと、

あるいは巣箱が腐朽していると噛み破られ侵入されてしまう。一旦巣箱内への侵入を許すと、オオスズメバチは、どれだけ犠牲を出しても攻撃を断念しない【写真79】。1匹ずつ侵入して20匹くらい殺されると、彼女らは攻撃を中断して、対策を練り、新たな作戦を案出する。20～30匹で徒党を組んで一挙に攻め入るのである。

　ニホンミツバチは侵入されないまでも劣勢であると、巣門の内側に逃れて籠城作戦に切り替えるが【写真80】、オオスズメバチは仲間を集め、中に侵入しようと巣門をかじり続け、巣門から離れようとしなくなる【写真81】。ニホンミツバチは籠城を解くことができず、集蜜活動に出られないので、そのまま餓死するか逃亡する。なんとか生き残っても、冬に食糧不足で滅びることになる。守るだけでは守れず、攻撃力がなければ結局滅ぼされるが、ときには、2カ月間籠城し生き残ることもある。

79. 巣箱が噛み破られ侵入を許してしまった。この後、集団突入攻撃を受け滅びた。

80. 籠城作戦。生産活動が阻害される。

81. 巣箱の材質が柔らかいとオオスズメバチは諦めない。

82. 匂いが漏れないように隙間を蝋で塞ぐ。

ともかく、絶対に侵入を許すような巣箱であってはならない。かじり対策だけなら、巣門上端にアルミ板かプラスティック板を貼れば効果がある。

逃亡の項で述べたように、その巣箱を捨てて出ても、なかなかオオスズメバチの追跡を振り切ることはできない。そんなハチを収容して遠くに移しても、今度はその辺りに住む別のオオスズメバチがその群れをすぐ嗅ぎつける。冬が来るまでに時間不足で、充分な貯蜜ができず、冬の間に餓死する。自宅から遠いところに飼っていると気づかず、こんなことが起こる。

ニホンミツバチの最大の苦労は、オオスズメバチとの戦いである。ニホンミツバチの進化の歴史は、オオスズメバチとの戦いの歴史ではなかったのだろうか。

巣箱の注意点

まずは、巣門の高さを10ミリ以上にしない。6ミリが最適である。朽ちかけた古い巣箱は使わない。重箱の製作に当たっては、重ねたとき隙間ができないように精巧に作る。匂いの漏れる巣箱の小さな隙間はハチ自身が蝋で塞ぐ【写真82】。隙間が大きいと塞げず、複数のハチが集まって身体で塞ごうとしたり、さらに隙間が大きいと、自分たちの匂いを中へ押し戻そうと、中へ向けて扇ぎ続けたりする。巣箱に節穴などがあったら木片を打ち込んで塞いでやる。

巣門の高さはなぜ6ミリが最適であるかというと、10ミリだと、オオスズメバチは中には入れないが少しかじったら入れると考え、いつまでもかじり続けるからである。巣門の板が薄くても同じことが起こる。6ミリだと最初からかじるのを諦める。

通気口不要

巣箱の内部では蜜を濃縮しており、湿度は高くなる。自分たちの体温で室温も上がり、その対策として換気が当然必要になるはずである。特に夏は日陰に置いていても室温は上がる。オオスズメ

83. 通気口は不要。

バチが現れるのは盆を過ぎて涼しくなり始めてからなので、それまでは基台の扉を開けてやったほうがよい。

巣箱の上部にメッシュの通気口を付けてやったことがあるが、ハチたちが蝋で塞いでしまった【写真83】。人が近づくと、ご覧の通り、お尻を上げて「あっち行って」と言っているのである。通気より匂いを出さないほうを優先する。ハチたちは換気のため扇風行動を行って、巣門から空気を取り入れ内部で循環させ、再び巣門から出す。そして、その空気の出口に番兵を配することで、オオスズメバチを警戒する。私は基台の正面に横長と縦長の巣門をつけてやっているが、ハチは縦穴を空気の排出口にしている。

巣箱に基台を置く代わりに、4カ所に小石など挟んで四方を出入口にすると、オオスズメバチは的が絞れずニホンミツバチが捕まりにくい長所があるが、匂いが四方八方から出て、ニホンミツバチとしては防衛要員を多く必要とする。

お互い一長一短であるが、四方を開けると換気が良すぎて、特に冬は保温に難点があるので、私は好まない。

ニホンミツバチが閉鎖空間で営巣するようになったのは越冬のためだけではなく、オオスズメバチ対策のためでもあったように思える。

最初に述べたように、オオスズメバチはニホンミツバチの絶対的な敵ではない。また、オオスズメバチは他の害虫を駆除しているのであり益虫でもある。その観点から見ると、現在用いられている対策のほとんどはオオスズメ

84. トラップ。誘引物質は、甘くて発酵するものであれば何でもよい。

85. ゴキブリ用粘着剤。

バチを殺すことであり、見直さなければならないであろう。

発酵ジュース

発酵したものをペットボトルに入れ、吊るす【写真84】。バナナと酒、蜜の絞り粕、痛んだブドウ、熟した渋柿などある。発酵したものが好きである。

しかし私はこれらをオオスズメバチが来る前から蜂場に置くことを勧めない。オオスズメバチを呼び集め、ミツバチへの攻撃につながることが多い。

粘着剤

これは効果がある。ネズミ用でもゴキブリ用でもよい。真ん中に杯に入れた蜜、あるいは捕らえたオオスズメバチを置くと次々にかかる【写真85】。

しかしこれは絶滅につながるのでお勧めできない。

セイヨウミツバチ用捕獲器

籠城作戦をとる弱小群には効果がある。オオスズメバチは巣門まで迫るので、ほとんど捕獲されてしまう。捕獲器の下を4センチほど開けて【写真86】低く取り付けるのが肝要である。焼酎漬けにするならこれが一番よい。しか

し殺し過ぎる。

鳥かご式

オオスズメバチが入れない間隙9ミリの横方向だけのグリルである。縦方向の線がないので【写真87】、ニホンミツバチの出入りは網に比べて容易になる。

これで完璧な感じはするが、欠点はある。ミツバチは機嫌を損ね、線を噛み切ろうとする。近づくと顔の周りに来てブンブン不平を言う。しかし、2～3日で慣れ、諦める。オオスズメバチも噛み切ろうとするので、金属の線でなければならない。しかし直線の金属線は案外入手が困難である。

86. セイヨウミツバチ用捕獲器。

87. 鳥かご式防止器。

天井には透明のアクリル板を被せる。不透明の板だと、この装置を巣箱の一部とみなし、装置の外に出て守ろうとし、犠牲が大きくなる。透明だと、巣門のところで守りに着く。両側面はメッシュにして風通しを良くする。しかし、下端には目隠し用に幅のある板を取り付けないとオオスズメバチはここから離れなくなる。

この方式を小型化するのはよくない。グリルと巣門の距離は、10センチはほしい。近すぎると、オオスズメバチがいつまでも諦めず、弱小群は怖気づいて巣箱から出なくなる。

88. 階段式防止器。感電式でもある。

階段式防止器

薄い板を4枚、オオスズメバチが入れない9ミリ隙間で階段状に重ね、最下段は広場にし、その先端は縁取りを付ける【写真88】。板の間隙は広いほうがミツバチは逃げ込みやすいが、10ミリ以上だとオオスズメバチも潜り込む。最上段とその下の段にアルミ箔を貼り、9ボルト電池5本を直列につないで通電する。雨にぬれると放電することがあるので濡れない工夫がいる。

水を吸ったら反るので、防水ペンキを塗ったほうがよい。通電しなくても滅ぼされることはないが集蜜率は悪くなる。通電しないとオオスズメバチは最上段を待機場所にし、上から飛びついて捕える。

オオスズメバチは、感電しても死ぬことはないが、時には飛べなくなるのもいる。ほとんどは退散するが、中には、2本のアルミ箔に同時に触らなければ感電しない、あるいはアルミ箔の1本を電極の近くで噛み切ったら感電しないことを学習するのもいる。それでアルミ箔は台所用の厚いものを使う必要がある。おそらく犬や猫よりIQは高い。

ニホンミツバチは、この防止器を取り付けると、やがて自分たちは捕まらないことに気づき、戦闘モードを解除し、オオスズメバチに取り合わなくなる。時たまオオスズメバチが来ると、ニホンミツバチは気づいた者が、横から体当たりをしたり、足に噛みついたりして追い払う。蜂球に取り込んで殺すような集団行動はとらない。

この防止器のお陰で、私の群れは1群もやられない。おかげで私の蜂場の群れは増え続け、2008年には、ニホンミツバチが絶滅している壱岐島と五島列島にニホンミツバチを復活させることができたのである。

この装置はセイヨウミツバチには役に立たない。セイヨウミツバチはオオ

Ⅴ　ニホンミツバチが人を刺すとき

スズメバチに向かってがむしゃらに前進攻撃をするからである。

ニホンミツバチとオオスズメバチの関係

　ニホンミツバチとオオスズメバチは、お互いの間での戦いを通して進化してきたのではないかと考えられる。ニホンミツバチが昆虫の中で最も知能があり、2番目がオオスズメバチだと思うのであるが、これは、殺すか殺されるかの強いストレスの関係が両者の知能の発達を促したのではないかと考えられる。

　ニホンミツバチとオオスズメバチはお互い、相手が手ごわいことを先天的に知っていると同時にお互いの弱点も知っている。

　ソバの花が咲いたときなど、ニホンミツバチ、セイヨウミツバチの他、各種スズメバチも蜜を吸いに集まるが、スズメバチ類は落ち着いて蜜を吸うことはできない。近くのニホンミツバチが、見つけ次第、脚や羽根に噛みついて追っ払うのである。餌場では1対1でもニホンミツバチに敵う蜂はいない。ところが、セイヨウミツバチは警戒心もないので、近づいたスズメバチに容易に捕食される。

　オオスズメバチがニホンミツバチの巣を襲うときは、しばらく躊躇したあと、羽を小刻みに震わせて闘志を奮い立たせてから取りかかる。

　セイヨウミツバチを襲うときはお食事モードで、躊躇することなく襲う。そのため人が近くにいても気にしない。ところが襲われるセイヨウミツバチ側としては人を敵側と思い、反撃をするので、近くにいると危険である。

　ところが、ニホンミツバチはオオスズメバチに襲われると人に助けを求める。身近に飼って可愛がっていないとしないことであるが、子供がシクシク泣くような、か細い羽音で人の胸元をジグザグに飛んだり、人に止まったりするのである。「あいつらを追っ払ってください」と言っているようである。

　ある時、出かけようとして玄関を開けると、数匹のニホンミツバチが私を待っていたかのように顔の周りを飛んだ。私は撃退器の電池を外していたことを思い出しながら行ってみるとやはりオオスズメバチが4～5匹来ていた。昆虫にまさかそこまでの知恵があるとは考えられないであろうが、これは私だけが経験していることではない。このときの羽音には悲壮感が感じられる

89. セイヨウミツバチにも殺す能力がある。

が、双方にとって攻防戦は悲壮な覚悟を決めた総力戦であることがわかる。

また、次のような経験もある。

普通に生産活動をしているとき、捕まえたオオスズメバチの羽を切って、巣門前に落としてみた。どちらも戦闘モードにはなっていなかったので戦いは起こらず、オオスズメバチはその場を歩き去ったが、ニホンミツバチの1匹がその直後、私の顔に体当たりをした。私がオオスズメバチを持ってきたことをしっかり見ていたのである。

　スズメバチを殺せるのはニホンミツバチだけであると思われているが、セイヨウミツバチもできる。キイロスズメバチとコガタスズメバチなら時々捕えて殺す。この【写真89】はコガタスズメバチを殺した後、ハチたちが離れていく途中のもので、数が少なくなっている。

　次のような装置を作ってやると容易にオオスズメバチでも殺せる。

　巣門の前に40センチ平方の板を取り付け、前方に少し傾斜を付け、先端に雨樋のようなハーフパイプを取り付ける。両種がもみ合っている間にこの樋に落ちる。すると他のセイヨウミツバチもその樋の中に殺到し、ニホンミツバチがするのと同じようにオオスズメバチを殺す。狭いところに追い込んだら5分ほどで殺せるのである。

　ニホンミツバチは平坦なところででもスズメバチを殺せるが、それは前脚の引き付ける力が強いからである。セイヨウミツバチはそれが弱いために、オオスズメバチを平坦なところでは蜂球に閉じ込めることができない。

　しかし、この樋装置はオオスズメバチ撃退器として役に立たない。オオスズメバチは食事モードなので、仲間が何匹殺されても緊張感を持たず噛み裂き攻撃の手を緩めない。消耗戦になり、どちらかが全滅するまで戦いは続き、

90. オオスズメバチは相手がセイヨウミツバチだと殺されても攻撃をやめない。

お互いの死骸が樋の中に満ち溢れ、さらに山を成す。結局、セイヨウミツバチのほうが先に蜂数が底を突き戦いは終わる【写真90】。

危険を避けるために——オオスズメバチは人に馴れる

このハチが人に馴れることは前著で述べているので詳しくは述べないが（『ニホンミツバチが日本の農業を救う』80ページ参照）、このハチは一旦友だちになると刺さないものである。地面に降りているのを踏みつぶそうとしても、馴れていないのはパッと逃げてパッと反撃する。しかし馴れているのは易々と踏みつぶせる。それで踏みつぶすのは相手の心を踏みにじることになる。

馴れた個体はときどき鼻先にやってきてホバリングをするが、羽音に敵意が感じられないので怖くはない。挨拶をしているようでもあるし、友だちであることを再確認しているようでもある。そんなとき、翅の動きがとても美しい。飛行機のプロペラのようにきれいな円を描く。

危険を避けるためには、このハチとは仲良くしたほうがよい。彼女らはとても臆病で、人を怖がっているのである。優しく接するとすぐ温和になる。

蜂場ではそれほど攻撃的でないのは、人が気づかないうちに、勝手に人に馴れたからである。一旦敵ではないと思いこんだら、その後いつまでもそう思い続ける。最初出会ったとき、こちらが30秒ほど全く動かないだけで敵ではないと思いこむ。

例えば【写真81】のような場面に出会っても、15分くらいかけてゆっくり近づき、馴らすのである。それからゆっくり彼女らを押しのけながら撃退器あるいは捕獲器を取り付ける。

あるいは、1匹ずつ割りばしでつかみ、広口瓶の焼酎の中に突っ込む。ハチはアルコールに浸けるとほとんど即死する。そんなことをしても、他の蜂が襲ってくることはない。彼女らには「タスケテー！」という言葉はないので安心である。

このハチが敵意を持ってかかってきたら、防ぐのはとても難しい。特に、自分たちの巣を守るときは執拗に連続攻撃を敢行する。重装備をしていても体臭の出ているところを嗅ぎだし、そこに潜り込んで刺す。毒針の届かないところには毒液を吹き付ける。

一旦友だちになっても、注意しなければならないことはある。彼女らが食べている食物を取り上げたり、取り上げようとしていると誤解されたりしないことである。あるいは、とまっている近くを叩いたり、物を投げつけたりしてはならない。

怒ると、馴れているので、いきなりは攻撃しないで、羽を小刻みに動かし、「ブーン」と低音の羽音を立てる。4～5メートル退くと怒りは収まる。人の身体にとまって、そうすることもある。「あなたは本当に味方なの？」と困惑の表現のようにも思える。いつまでも離れないことがある。そんなときは危険なので叩き潰さざるを得ない。「疑い深い奴」と自己弁護しながら。

ハチ類はやたら先制攻撃はしないものである。テレビではスズメバチ駆除を英雄行為ででもあるかのように扱っているが、実は環境破壊行為でしかない。

V　ニホンミツバチが人を刺すとき

3　ツバメ、ヒヨドリ、蟻対策

巣門前を高速で飛べないようにする

　ツバメは交尾に出た女王蜂を捕食する。新しく開いた王国の女王が消えることになる。分蜂球を収容して4〜5日で巣箱が空っぽになることがあるが、そんな場合に多いのが、逃亡したのではなく、女王がツバメに食べられ、ハチたちは他の群れに三々五々合同することである。

　巣門がツバメの航空域から見えるところには置かないことである。そんなことしたら働き蜂も次々に食べられる。針のついた働き蜂をどのように飲み込むのか不思議である。

　大きくてスピードの遅い雄蜂が出巣する時間帯には、ツバメが巣箱の近くに集まって来て捕食する。この時間帯には女王蜂も出るので、捕まる危険が高い。女王蜂にはツバメより高速の働き蜂が護衛として随伴するので、上空では捕まらないと思われる。

　ツバメは高速で飛びながら自分より遅い昆虫を捕食する。ミツバチは通常ツバメより高速であり、巣箱の近くでは低速になるが、ジグザグに飛び巣門に飛び込むので、案外捕まらない。捕まるのは巣箱を飛び出した直後である。巣門を掠めるようにしてさらってゆく。

　ツバメが巣箱の近くを高速で飛べないようにすればよい。障害物として棒を立てたり、巣箱を立ち木の後ろや建物の間に置いたりする。ハチの低速航空域がツバメの航空域と重ならないようにするわけである。

　庭先で飼う場合、家のほうに巣門を向けたほうがよい場合が多い。しかし、屋内の灯りが巣門に当たると灯りに飛んで来るので工夫がいる。

ヒヨドリ

　ヒヨドリ対策であるが、普通はめったに襲わない。しかし蜂場を特定のヒヨドリが縄張りにして定住し、働き蜂を食べるようになることがある。近くの木の枝に止まっていて、巣門めがけて飛び降り、さらってゆく。また小鳥

の餌台を巣箱の近くに置いても同じことが起こる。分蜂期だと女王蜂が食べられる恐れがある。

　カラスの死骸を模したものが種苗店にあるので、それをぶら下げて置くとヒヨドリは来なくなる。

　捕らえるなら、長い紐を用意し、紐の輪が閉じるようにして、開いたままいつも止まる枝の上に置き、その紐の他端を、閉じたとき脚を傷めないように釣り竿の先に結び付け、輪の中に止まったところを家の中から引っ張る。10キロメートル以上離れたところで放すと帰って来ない。

　本来、ニホンミツバチは巣門に近づく小鳥は追っ払う。女王を護るための本能的な行動のように思われる。頭を狙って攻撃している。

　巣門に給餌器を置いているとメジロがやってくるが、すぐに攻撃を受けて逃げる。ヒヨドリは攻撃をかわせないとわかっているらしく、降りて来て給餌器に止まることはない。

　人も、急に巣門に近づくと巣門のハチたちに飛びかかられることがあるが、小鳥と間違われたと思われる。ときには耳の穴に飛び込んだだけで、すぐに間違いに気づくらしく、刺さないで出てくる。

　飼っている小鳥や鶏が、分蜂時あるいは女王の交尾飛行時に、巣門には近づいていないのに集団攻撃を受けることがある。ツバメと間違われるらしい。過剰防衛である。小鳥は死ぬ。鶏はトサカや首に無数の剣が残るが死ぬことはなく、トサカもほとんど腫れない。

蟻

　蟻対策で苦慮するのは無駄である。通常ミツバチは巣門に近づく蟻を前足で弾き飛ばす。蟻に入られるのは倒れる寸前の巣箱である。

　板の割れ目などから入られることもあるが、ガムテープでふさぐとよい。

VI　ニホンミツバチの経済学

セイタカアワダチソウにやってきたニホンミツバチ

1　ニホンミツバチには値段があるのか

全てはミツの値段から始まる

　ニホンミツバチの群れを売り買いする場合、その値段をどのように付けたらよいかという問題について考えてみたい。野生の昆虫なので値段を付けるのはおかしいとも言えるが、ミツには値段がある。当然そのミツの値段がハチの値段を決める。

　1群当たりのミツの生産量は、給餌をしないので、平均的にセイヨウミツバチの8分の1である。セイヨウミツバチは強勢群だと年に5回も6回も採蜜できる。

　ニホンミツバチのミツは、セイヨウミツバチのミツに比べて味がよい。それに科学的な根拠があるのかどうかは別として、胃や肝臓に対する薬効も高いと言う人は多い。年に2回採蜜できる時もあるが、普通は1回であり、希少価値もある。

　また粒子が小さい。結晶したミツを指先で押さえてみるとわかるが、ニホンミツバチのミツはクリーム状である。ざらざらしていない。それやこれやで値段はセイヨウミツバチのミツの4倍であり、1キロ1万円である。糖度が82.3度になると比重は1.5になる。

　1キロ2万円以上のものもある。2年に1度採蜜するミツで、ほとんど不老長寿の薬として自家用である。不老長寿ということはないであろうが、精力剤としても効果があると言われている。（私は、2年に1度の採蜜ミツが特別の成分を含んでいるとは思わない。ハチは同じミツを2年以上貯め続けることはないからである。）

　セイヨウミツバチのミツは、何の花のミツであってもニホンミツバチのミツの味を超えない。オーストラリア、ニュージランド産のミツには良いものがあるが、やはりニホンミツバチを超えない。糖度に関していうと、この2カ国のものはすべて発酵点の79度をクリアし、80度以上であるが、国内産のセイヨウミツバチのミツはほとんどが発酵点以下である。海外から疑問が呈

Ⅵ　ニホンミツバチの経済学

される所以である。

　値段は需要と供給の関係で決まるのであるが、ニホンミツバチのミツは絶対的に希少であり、将来的にも値崩れすることはないであろう。このことを基準に群れの値段も決まってくる。

　もし「巣板付きミツ」で販売するとなると、上述の糖度があれば、分離した蜜の2倍の値が付くと言われ、1キロ2万円である。

　巣板ミツの場合、幼虫飼育の経歴のない白か黄色の新しい巣板に貯めたミツということになり、希少価値が高い。

　ハチは普通売買しないのであるが、経済的観点から見るために売買するという仮定で考えてみよう。

　冬を乗り切った群れのうち半数が分蜂させる。1つの群れが分蜂させる回数は1回から8回である。天候不順の年だと、ほとんどの群れが1回の分蜂で終わる。

　初回分蜂群だけには巣箱に印を付けておくと、その後何かと便利である。初回分蜂群はすべて母女王の率いる分蜂群であり、この母女王はほとんど2年目女王で、3年目女王はまずいない。3年目女王は3年目の分蜂期前後に卵が尽きて自然消滅し、分蜂するまでには至らない場合が多い。何とか分蜂することがあっても分蜂球は小さく、勢力が弱く、梅雨の間に滅びる。買っても意味がない。

　ところが初めて分蜂する2年目の女王群はほとんど強勢群で梅雨前と、さらに秋にも採蜜できる群れがあるほどである。しかし翌年は3年目女王になり、繁殖力を失う。

　繁殖に適しているのは2回目以降の分蜂群と、最後に巣箱に残った新生女王の群れである。しかし、その中で半分は女王が不良で年内に滅びる。残りの半分が翌年まで生き延び、それらが分蜂させることができる。こんな群れだけが買うに値する。

　しかしこんな群れを前もってどうして見分けるのか。分蜂直後には見分けはできない。確実なのは10月初旬まで待って、初回分蜂でない群れで4段の重箱にミツを充満させた群れを選ぶことである。

ニホンミツバチの値段

　秋に採蜜可能な群れには2種あるわけで、2年目女王群と1年目強勢群である。どちらもミツを4段ないし5段の重箱に充満させる。1段の重箱には4.5キロのミツが貯まっているので、4段では18キロである。1キロ1万円で計算すると、18万円になり、蜂を殺して全部取り上げたとしたら、それだけのミツが採れることになる。ハチは採蜜後、セイタカアワダチソウの花蜜で再び巣箱を満杯にする。

　こんな群れを売買の対象にすると、これにハチ自身の値段と巣箱代1万円をプラスすることになる。強勢群のハチは生産性と繁殖性が高く、翌年は3回ないし4回の分蜂が予想され、1群5万円として20万円以上の値打ちが生まれる。合計40万円ということになる。

　翌年の分蜂は、この18キロのミツが資本として投入されて行われるわけで、持ち主は、こんな値打ちを秘めた群れは手放したくない。

　秋に採蜜はできなかったが、翌春の分蜂は可能と思える群れだと、大体2段分、9キロのミツ9万円分を持っている。それを元手に繁殖するわけである。この群れの分蜂はほとんど1回で、後に残る群れと合わせて2群になる。生まれたての群れは1群が巣箱込みで5万円の根拠である。

　ニホンミツバチは野生の昆虫であっても、捕獲してしまうと、これほどに高価な昆虫になりうる。

　このように、ニホンミツバチは賭博性があるので、どの時点ででも売買に適さない。自分で捕まえて育てるべき昆虫である。

　私の地域ではニホンミツバチのミツの値打ちが未だ知られていないこともあって、私は巣箱ごとの盗難に会ったことはないが、対馬では盗難が多いと聞く。抱えてみて重いのを持ち去り、ハチを殺してミツを全て採り、巣箱は燃やしてしまうと言われている。窃盗行為は繁殖性能の高い女王の群れをも消滅させるのである。

　この点、重箱式は盗むのが難しい。盗まれるのは一般に人気の無いところで飼っているので人に馴れておらず、持ち上げたとき、あるいは運搬途中で重箱がバラけると飛び出して刺す。闇夜でも人の匂いをめがけて飛びかかる。

貸し蜂

ニホンミツバチをイチゴハウスに受粉用として貸し出す場合、どれほどの貸し料をいただいたらよいかという問題もある。セイヨウミツバチの場合、1期2万円以上であるが、ニホンミツバチも同額でよいと思う。

91. 冬咲くツバキの交配にニホンミツバチは威力を発揮する。

セイヨウミツバチの場合、ハチはハウスの中に入れてしまい、食糧不足その他でその群れはほとんど滅びる。貸出しは引き合わない。弱小群を、冬から春にかけて滅びないように給餌をした群れを貸し出すことになる。強勢群だと30万円いただいても引き合わないであろう。

ニホンミツバチの場合、イチゴの時期に私の方法をとれば、巣箱は外付けするので群れは滅びず、損失はない。

セイヨウミツバチでも私の方法をとれば滅びない。ただしセイヨウミツバチは、寒さに弱いので、毛布で巻くなど、防寒が必要である。

以上の論はミツの値段を根拠に進めてきたが、ミツバチの花粉媒介の能力で計るとミツの値段とは桁違いになってくる。アメリカでは、果樹農園におけるミツバチの経済的貢献度はミツ生産の50倍ないし100倍と計算されている。

五島列島においても、椿油の特産化に見合う生産量の増大のためニホンミツバチを導入したのであった【写真91】。

2007年、世界的にミツバチの消失が伝えられているが、それによる、特に果樹生産の低下は計り知れない。

ニホンミツバチのほうが花粉媒介能力はセイヨウミツバチより高いことは、第Ⅶ章「ニホンミツバチ生業への道」の「温室交配用蜂」（197ページ）の項で詳しく述べるが、このハチを迷惑昆虫として気安く駆除したりしないで、もっと多くの人にその値打ちを知っていただき、できれば飼っていただきた

いと願っている。

　さらにもう1つ、ニホンミツバチは自然の一部であり、人類の財産なのだから、勝手に駆除してはならないという法的規制のほうも確立しなければならないと思う。

　まずは、役所にこの認識に立っていただきたい。駆除の依頼があれば気安く白アリなどの駆除業者に依頼しているが、これは止めてもらいたい。セイヨウミツバチ養蜂家に依頼しているところもあるが、養蜂家にとってニホンミツバチは花蜜を奪う競合者であり、駆除してしまう。

　早く保護昆虫に指定すべきであろう。分蜂群の撤去依頼があったら飼育希望者を公募し、競売に付すなどの方法はあるはずである。

　ニホンミツバチの所有権についても考えて見たいと思う。時たまニホンミツバチ飼育者同士で、あるいはセイヨウミツバチ養蜂家との間で争いが起こることがある。その場合常に原則に戻って考える必要がある。即ちここでも、ニホンミツバチは自然の一部であるという原則に戻ることになる。セイヨウミツバチとは根本的に違う。ニホンミツバチは自分の巣箱に納め、自分の土地に置いてもそれは完全に自分のものではなく、自然からの預かりものであるということである。

2　待ち箱に入ったセイヨウミツバチの対処法

　私の待ち箱には最近、毎年10群前後のセイヨウミツバチの分蜂群が入る。養蜂家が老齢化し、後継者がいないために世話できないのが最大の理由である。私はセイヨウミツバチを業として飼う気はないので、知り合いの養蜂家に引き取ってもらっている。引き取り手のない時は本当に困ってしまう。放置したら1年で100％死滅する。飼う人が見つかるまで、あるいは勉強のため飼うことになる。

　空巣板を入れたり巣礎を張ったりしたラ式の巣箱を待ち箱として使っても、これまで分蜂群が入ったためしがない。セイヨウミツバチも本当はラ式を好んではいないことがわかる。特に巣枠の下端のバーが邪魔になるようである。

　セイヨウミツバチを飼うとはどんなことなのか、その基本的なことをまず述べておきたい。

　セイヨウミツバチは行動半径がニホンミツバチの2倍なので、面積は4倍になる。集めるミツの量は8倍とか10倍とか言われるが、それは給餌を十分にして、全く給餌しないニホンミツバチと比較しての話である。蜜源が十分にあるところで比較したら1群あたり4倍である。

　セイヨウミツバチは、流蜜の乏しい時期には給餌をしないと餓死させてしまう。毎日1群に1キロの砂糖を与えなければならない。これは多大な出費である。セイヨウミツバチは、餓えても逃亡はしないで餓死するだけである。給餌に不便な遠隔地には置けない。身近な所に多数を寄せると過密になる。

　器具も多く、高価である。養蜂のノウハウを習得するのに、1年間弟子入りを要すると言われる。ミツの味も悪いし、私などは、バカらしくて飼う気になれない。

　それでも飼ってみたいと言う人のために、簡単に、待ち箱からラ式に移す方法と飼育法を述べておきたい。分蜂後できるだけ早くラ式に移さないと養蜂家は受け取れなくなる。

　設置場所であるが、ニホンミツバチと違って、一日中日陰になるところに置くと育ちが悪い。暖かい外気につながる巣内の温度で子育てをするからで

ある。

　夜が冷え込む時期には防寒対策をしないと増殖せず、結局滅びる。二重の段ボールあるいは毛布などで、巣門のところだけ残して全体を包み込む。

　平均的な巣箱の板の厚さは15ミリであるが、真夏を過ぎたら、夜の保温には薄すぎる気がする。ヨーロッパのもの並みに25ミリにすべきだと感じている。

　蜂数に応じて巣板の数を減らしてやる。ニホンミツバチのように蜂球の中で子育てをするのではないので、お互いの体温で室内温度が上がるような方策を講じてやるのである。日本の気候では室内が広すぎると温度が足りない。ハチが込み合う程度に巣板の数を減らし、仕切り板を付ける。

　湿気の多いところも良くない。それはニホンミツバチも同じであるが、セイヨウミツバチの場合は多様な病気の元になる。乾燥したところに置く。セイヨウミツバチはアフリカ出身であることを忘れてはならない。

重箱からラ式巣箱へ移す

　待ち箱に入って時間が経っていない場合のことを述べる。もちろん入っているのに気づくのが遅れると、移すのが困難になり、そのまま重箱式で飼う羽目になる。

　ラ式巣箱は巣枠が10枚入る普通サイズのものを準備し、置く場所を決める。人のこまめな世話を必要とするので、ニホンミツバチのように遠いところに放置するわけにはいかない。場所を決めたら、ブロックを置き、水準器を使って左右水平になるように整える。

　まずは燻煙器を準備する。セイヨウミツバチ養蜂には必須である。

　蜂数が多い場合、ラ式の巣箱に巣礎付き巣枠を4～5枚、蜂数が少なめの場合は3～4枚、片方に詰めて入れる。

　ハチの入った重箱の最上段をラ式巣箱の空いた空間の上に持って行き、上から下へと振ってハチの塊を落とし込み、蓋をする。4～5分して、いったん閉じた蓋を静かに開け、煙を入れ、巣板側にハチが移動しているのを確認する。もし、空いた側の蓋の下に固まっているようだと、蓋を縦長にして巣箱の底に下ろし、燻煙で巣板側に追い込む。追い込んだら仕切り板を入れ、

生活空間を限定する。最初から巣礎つき巣枠を巣箱全体に詰め込んではならない。麻地の布を被せ、蓋をして終わりである。

セイヨウミツバチも分蜂群はそれほど攻撃的ではないが、燻煙器を使ったほうが良い。煙は自分が作業をする手元にだけ少しずつかけるようにする。煙は熱いのでハチにあまり近づけてはならない。

このように自然分蜂群から群れを立ち上げるときは、養蜂家は、巣房がすでに盛り上がった巣枠を他の巣箱から1〜2枚借りて、あとは全面巣礎付きの巣板をその両側に1〜2枚入れているが、巣板付き巣枠がない場合は、全面巣礎付き巣枠3〜4枚でもやむを得ない。最初から10枚の巣枠を詰め込まないことである。

分蜂時はセイヨウミツバチもおとなしいが、追い込むときはニホンミツバチの場合とは違って、厚紙などで圧力をかけるのではなく、燻煙器を使ったほうがよい。重装備をして燻煙器なしで手荒く扱っていると、だんだん手に負えないほど荒くなる。一旦荒くなったら直らない。内検や給餌の場合も必ず燻煙器を使い、蓋や巣枠はゆっくり動かす。1匹も押しつぶしてはならない。

セイヨウミツバチは素手で扱うべきものであると言われている。手荒く扱わないように自分を抑制するためである。

セイヨウミツバチは一旦ラ式に収容すれば逃去しないが、それはラ式が気に入っているからではなく、逃亡が組織できないからである。

給餌

収容後2週間したら蓋を取って点検する。巣板が全体的に盛り上がってきているのを確認したら、巣枠を適当に数枚付け足す。

セイヨウミツバチは分蜂から梅雨の始まりまでに貯蜜のための時間が不足する場合が多いので、梅雨に入ったら給餌をしなければならない。

前年からの巣箱であれば、梅雨前に採蜜する。採蜜の最終期限は6月15日にしている養蜂家が多い。梅雨に入っている場合が多く、採蜜したあと給餌が必須になる。

給餌は面倒な作業である。巣枠1枚分を利用した給餌器が最も一般的であ

る。プラスチックと木製がある。溺れを防ぐためには木製でなければならないと言う人もいる。砂糖水はゆっくり注がないとハチは溺れ、騒ぎ出し、攻撃する。もう1つ給餌器を用意して交換するようにしたほうがよい。毎日あるいは2日に1回、砂糖1キロを溶かした溶液を与える。原則的には、取り入れる限りは与えることにする。

　梅雨が明けるとほとんどの群れは貯蜜を開始するので給餌は必要ないが、どちらかわからないときは少量与えて見る。すぐに取り入れようとしないときは与えるべきでない。自然界に花蜜がある証拠である。

　新しい群れだと、貯蜜が進むのに応じて巣枠を足してゆく。蜜が巣箱に充満すると継ぎ箱を付け足す。

　また、越冬用として寒くなる前にも充分の貯蜜を持たせないと冬を越せない。セイタカアワダチソウの蜜によって巣板は満たされているはずである。

　11月に内検をして、貯蜜が足りないと思ったら給餌をする。しかし気温が10℃以上にならないと取り入れないので、給餌は寒くなる前にする必要がある。それでも取り入れない群れがいる。女王の寿命が尽きかけているのを疑ったほうが良い。

　給餌器は使用後必ず洗って殺菌しなければならない。それをしないとカビが生え、ハチは腐粗病に罹りやすくなる。

オオスズメバチ対策とダニ対策

　セイヨウミツバチは人の世話が絶対必要である。特に、オオスズメバチとダニは2大天敵である。放置したらこの2者によって冬までには100％滅ぼされる。

　オオスズメバチは相手がニホンミツバチであれば弱い群れから襲うが、セイヨウミツバチだと殺すのに効率の良い強い群れから襲う。

　従来のオオスズメバチ捕獲器では100％大丈夫ということはない。ミツバチのほうが捕獲器の外にまで出撃して玉砕してしまうからである。襲われると無鉄砲に反撃をしてかみ殺されてしまう。今のところ完全な防止器はない。この捕獲器は取り付け方が悪いと効果を発揮しない。ほとんどの人が下面を開き過ぎている。巣門の前に広い板を置いて、捕獲器のスカート下を2〜3

センチにすべきである。

　私が5年をかけて開発した電柵式防止器はあるが、製作には工程数が多くコスト高になるので、自分用にだけ手作りして使っている。ステンレス線材の溶接が必要なので、一般の人には自作は不可能である。

　結局、ほとんどの人がバドミントンラケットで守ってやることになる。

92. セイヨウミツバチに着いたダニ（腹部に付着している丸い粒状のもの）。

　次にダニ対策であるが、ニホンミツバチの傍で飼ったらまずダニに滅ぼされる。ダニの宿主はニホンミツバチであり、セイヨウミツバチが盗蜜に入った際などに移されるということである【写真92】。

　しかし現在、トウヨウミツバチのいないヨーロッパやニュージーランドでダニは猛威をふるっている。学説のどこかに間違いがあるのかもしれない。ニホンミツバチはダニと共生しているのであるが、弱体化するとダニにトドメを刺されると言われている。

　セイヨウミツバチの巣箱に入ったダニは幼虫に卵を産みつけ、死んだ幼虫は巣箱の外に捨てられる。孵化しても飛べず、やはり巣箱の外に出される。ダニを背負ったままのもいる。羽根が縮れたハチが目についたら、その巣箱にはダニが蔓延している。8月くらいから倒れはじめる。

　ダニが付くと、セイヨウミツバチでも逃去することがある。ダニに取りつかれていない者たちが、巣を放棄するのである。収容しても弱体化しているのでほとんど立ち直れない。ニホンミツバチと同じ所で飼わないことである。あるいは盗蜂にならないように十分に給餌をすることである。

　私は、竹酢と木酢を薄めないまま、1週間ごとに1カ月ほど交互に、霧吹きで直接蜂たちに吹き付けている。麻布の下からでも蜂たちは嫌がらない。私がこれまで試した中で、これが一番効いたのではないかと思っている。そ

れに有機物なのでミツにも影響がない。

重箱式で成長した群れをラ式に移す

セイヨウミツバチの分蜂群が、待ち箱に入って日時が経っていると簡単にはラ式には移せない。そのまま、勉強のために飼ってもよいが、セイヨウミツバチは強勢群だと、重箱の6段とか7段が必要になるので、万全な台風対策が必要になる。また、そのまま飼って採蜜すると、重箱式では巣板まで取り上げてしまうので、同じ巣板を産卵や貯蜜のため何回でも使うセイヨウミツバチには無駄な労力を強いることになる。どうにかしてラ式に移したほうがよい。そんな場合の方法を述べる。

巣板の入った小型のラ式の蓋を外し、ハチの入った重箱を乗せる【写真93】。第Ⅱ章で述べたラ式に入ったニホンミツバチを重箱式に移す方法と逆になる。ラ式の開いた天井は板で蓋をする。群れが成長しラ式に充満したら重箱の蓋を開け、煙で下に追いやり、重箱を切り離す。

木酢の霧吹き

木酢の霧吹きでも、燻煙器の代わりに使える場合がある。いちいち火を起こす必要がなく便利である。原液のままでよいが20倍程度に薄めても効果はある。巣門のハチは木酢を吹きかけると巣門の中に逃げ込む。しかし巣箱の内部には、巣板を濡らすので使えない。

また、攻撃を仕掛けてくるハチにこれを吹きかけると瞬時にやめる。私はセイヨウミツバチを少時間扱うときは、この霧吹きが必携である。

93. 重箱の下にラ式を継ぐ。

ニホンミツバチとの性格の違い

　セイヨウミツバチは、飼い主でも巣門の前に一定距離内に一定時間（30秒）止まると必ず番兵の1匹が「あっち行って」と、甲高い羽音を発しながら人の鼻先で左右の往復運動をしたり、体当たりをしたりする。こちらが後退しないと刺す。また、集蜜から帰ってきた働き蜂自身が背中にとまり這い回ったりもする。振り払うなどすると、複数のハチがやって来るので逃げざるを得ない。家畜化されたと言いながら人に馴れない。
　常に一定の距離を保つ必要がある。それでも中には、前を通っただけで追っかけてきて後頭部を刺す群れもいる。
　まさしく恩知らずの態度である。可愛気がないが、これがセイヨウミツバチのせめてもの自尊心だと思って我慢しなければならないであろう。
　セイヨウミツバチの多数による攻撃は、巣箱に強い衝撃を与えた時、採蜜を手荒く行ったとき、その後警戒心の強くなった群れに再び近づいたとき起きる。逃げても100メートルくらいは追っかけてくる。こちらが重装備をしていたら逃げる必要はないが、その場に留まるといつまでも攻撃を続け、それはだんだん弱まってはくるがゼロにはならない。そして、次回からは近づいただけで攻撃をしかけてくる。
　セイヨウミツバチは強勢群ほど戦闘的である。幼虫とミツという守るべきものが大きいからであろう。この点ニホンミツバチとは逆である。ニホンミツバチは強勢群ほど温和である。人に馴れるからでもあるが、幼虫とミツが充分にあって心が豊かになっているからであろう。
　ニホンミツバチがセイヨウミツバチと基本的に違うのは、語彙の豊かさであろう。天敵に対してはすぐに集団行動が組織できるが、人に対しても柔軟に対応する。
　また、セイヨウミツバチは寒さに弱い。通気口は輸送と猛暑対策であって、普通は閉じておく。それを忘れると弱体化する。冬の防寒対策は必須である。
　中でも、セイヨウミツバチを飼うに際して最も困難を感ずるのは餓死しやすいことである。蜂数が多いために常にまとまった流蜜を必要としている。庭先養蜂で3～4群なら一般的な里山であれば給餌なしで飼えても、それ以

94. 屋外給餌器に来た両種。(口絵参照)

95. ニホンミツバチ分蜂球。上を向いている。

96. セイヨウミツバチは下を向いている。

上になれば給餌なしで生かし続けるのは難しい。ニホンミツバチと一緒に飼っていると、容易に飢えてニホンミツバチを盗蜜する。給餌をしないと冬に向かって少しずつ元気をなくし、やがて消滅する。

花蜜があれば給餌は受け付けないのだから、どんなに与えても過剰給餌は起こらない。ただ蜜に砂糖の味が残らないように給餌のタイミングに注意しながら飲みたいだけ飲ませてよい。ただ、蜜蜂飼料として特価で買える砂糖には青い色が着けてあるのでタイミングを間違うと蜜に色が付く。

人の庇護なしには生きていけないという点で、セイヨウミツバチと人との関係は主従の関係である。この点でニホンミツバチと人とは対等の関係である。

ニホンミツバチとセイヨウミツバチの発生的な違い

【写真94】は、屋外給餌器に来た両種のミツバチである。両種の体長はほとんど同じである。ニホンミツバチは群れ

の勢力が強いと腹部が伸びて、全長はセイヨウミツバチと同じになる。群れの勢力が弱まると、個体の腹部も縮み、同じ種類のハチとは思えないほどになる。そのため、巣門にいるハチを見ると、その巣全体の状態がわかる。セイヨウミツバチは、個体で全体を判断することはできない。

97. 両種の巣板の断面。左がニホンミツバチ、右がセイヨウミツバチである。

　【写真95】はニホンミツバチの分蜂球である。みんな上を向いている。上端のハチは自分の体重の何十倍もの重さを支えなければならない。【写真96】はセイヨウミツバチが巣箱の外壁に止まっている様子である。基本的にはニホンミツバチは上を向き、セイヨウミツバチは下を向く。両種のこの違いが、他の面での違いの出発点になる。

　ニホンミツバチは前脚で引きつける力が強い。セイヨウミツバチはそれが弱いので大きな蜂球を作ることができない。

　セイヨウミツバチの腕力が弱いということは、襲ってくるオオスズメバチに反撃し、飛びついても、蜂球に閉じ込めることができないことの説明になる。オオスズメバチを捕えてスクラムを組んでも振りほどかれてしまうのである。

　巣板の上ででも両種の向きは違っている。巣房にミツを入れたり、巣房の中の幼虫の世話をしたりする時、セイヨウミツバチは下を向いて止まっているので巣房は少し上を向いているほうが仕事がしやすい。ところがニホンミツバチは上を向いているので巣房は下を向いているほうが仕事はしやすい。

　【写真97】は両種の巣房の断面図である。左がニホンミツバチ、右がセイヨウミツバチである。

　このことは、ニホンミツバチが寒さに強いことの説明にもなる。ニホンミ

98. セイヨウミツバチの巣板全面。

99. ニホンミツバチの巣板全面。

ツバチは巣箱の中でお互い寄り合って丸くなって過ごせるので、体温が逃げにくく、ミツも体温で柔らかくなるので食べやすい。セイヨウミツバチは一カ所にかたまらないので、寒さに弱く、固形化した貯ミツを利用できない。

さらに、セイヨウミツバチは、幼虫を育てるのに必要な温度を外気に頼るので、寒冷地への進出が困難である。

巣箱の設置場所も、ニホンミツバチのように日陰が良いのではなく、ある程度の陽が当たらないと幼虫が育てられない。

セイヨウミツバチが下を向くのは、子育てのための適温を保つためには、巣内を冷却しなければならない環境のなかで進化したからではないのだろうか。熱い空気は下から上に流した方が冷却効率が良い。また、その空気は外に排出しなければならないが、そのためには巣箱の上部に通気口が必要になる。それを取り付けてやっても、ニホンミツバチのようにそれを塞ごうとしないのはそんな理由があるからであろう。

セイヨウミツバチが蜂球の中で子育てをしない証拠を１つ示しておきたい。【写真98】は、重箱に営巣したのを処分に困り、ドライアイスで凍死させたものの巣板である。育児域と花粉域の境目が下に垂れさがる形になっている。育児域を蜂球の中に取り込んでいない証拠である。ニホンミツバチでは上に

盛り上がる形になる【写真99】。

　ニホンミツバチは女王蜂の産卵停止で荒くなってもドライアイスで安楽死させることはできない。内部の酸素を完全に追い出すことができないためか、500gのドライアイスを入れて目張りし1晩置いても死なない。1カ所に集まって緊密な蜂球を作り女王を寒さから守る。翌日、かなりの数の働き蜂の死骸が出される。蜂球の外殻を守り、凍死したハチと思われる。セイヨウミツバチは寒さに対してこのような対処をしないので全員が凍死する。

　ニホンミツバチは逃去しやすいと言われるが、進化の歴史を考えたら理解できる。原始の森には洞が無数にあったはずである。気に入らなくなれば、好きなところに移ればよいのである。餌場が遠くなれば、そこまで通うより住居を変えたほうが往復のエネルギー損失が少なくて済む。

　セイヨウミツバチにとって住居の確保は昔から困難だったと思われる。そのためエネルギー損失が大きくとも遠くまで飛ぶ必要があったと考えられる。

　ニホンミツバチは冬の間に古い巣板の噛み屑を巣門から出す。貯蜜を下方から食べてゆくが、同時に蜜巣房も壊す。そして春になり流蜜が起こると新しく上から巣板を作り始める。セイヨウミツバチにはこの作業がない。

　元の生息地には四季がなく、巣板更新のタイミングを決めるのが難しかったのかもしれない。

　また、木の洞のような限られた空間ではなく、崖の割れ目のような広がりのある空間に営巣し、同じ巣板を何回も使い、あまりにも老朽化したら、隣の空間に移動して新しい巣板を作るという生態ではなかったのだろうか。いや、今でもそのような形で野生生息しているように推測できる。

　もしかしたら、古い巣板を食べてくれる、スムシと同じ働きをする動物もいるのではないかと思う。

セイヨウミツバチとトウヨウミツバチの未来についての一考察

　アジアでは、人の手を離れたら生きていけないセイヨウミツバチがどうしてアフリカでは野生で生きていけるのか？　それはオオスズメバチとダニがいないからに他ならない。すなわち、だからアジアではセイヨウミツバチは野生化できないということになる。

逆に、トウヨウミツバチはアフリカとヨーロッパで生息できるだろうか?
　私はできると思っている。できるどころか、天敵のオオスズメバチのいないところでは過剰繁殖が起こり、最後は食糧不足で餓死するような結果になるであろうと思う。
　両種のミツバチがお互いの生息域を自然状態では地球の反対側に拡大できないのはなぜか?　それは大陸の間にある砂漠が両種の混在を妨げているからだと思う。
　もし砂漠がなかったらどうなるか?　問題はオオスズメバチである。おそらくヨーロッパ、アフリカに進出し、セイヨウミツバチを短期間に絶滅させ、ミツバチはトウヨウミツバチだけになるのではないだろうか。
　地球の温暖化が進むとセイヨウミツバチは消滅に向かうのではないかと思われる。そのとき、代りとしてトウヨウミツバチをその後に移してもいいものかどうか。オオスズメバチも移すべきではないのかどうか。これは大変な問題である。
　2007年のメルボルンでの世界養蜂家協会の大会で、ソロモン諸島のカルヴィン神父が、諸島の2000群のセイヨウミツバチが死滅した後にトウヨウミツバチが繁殖している旨報告されたが、これは、オオスズメバチのいないところでトウヨウミツバチはどうなるかを示す貴重な実験例になると思っている。
　追跡調査をしてみたいと思っているところである。

3 絶滅の原因

雑木乱伐による蜜源の喪失

長崎県には島が多いが、対馬と平戸島以外の人の住む島では戦後ニホンミツバチは絶滅した。

私は2004年から2006年まで、それを確かめるためと、その正確な時期と原因を探るために、セイタカアワダチソウと菜の花の咲く時期に島々を巡り、証人探しをした。そしてすべての島で、ニホンミツバチを飼っていた人あるいはその家族を突き止めた。

絶滅の時期は島によって違うが、原因には共通点がある。雑木を伐りつくし、ニホンミツバチから蜜源と住居の木の洞を奪ったことである。戦後の食糧増産のための農地拡大、現金収入のための炭焼き、たばこの葉の乾燥のための燃料確保、経済林造林などのために雑木が伐られたのである。

ニホンミツバチは絶滅しやすい昆虫であることを実感している。

多雨による流蜜不足

2006年、私の蜂場で全群が倒れるところが数カ所あった。繁殖期の長雨が原因であることはすぐに感じ取れた。何しろ2006年5月の日照時間は例年の60％であると気象庁は発表していた。その頃、開花するはずの雑木の花が開花せず、開花しても雨浸しになった。ハチは食糧不足で少しずつ数を減らし、流蜜不足のまま夏に入り、9月末までに消滅した。

宮崎県ではほとんど消滅したという報が入った。前年は、鹿児島県で全滅したとの報が入っていた。

しかし、私のいる九州北部の長崎県は全域全滅と言えるほどの被害はなかった。九州の南半分は例年梅雨時に長雨になりやすい。しかし、ハチに蓄えがあると少々の雨でも持ち堪えるものである。私の蜂場でも、周りに雑木が豊かなところ、砂糖水で給餌をしたところは生き延びた。

倒れる前に幼虫を巣門前に捨てていたという報もあったが、こんな場合、

農薬で汚染された花粉を食した幼虫が死に外に捨てるのであるが、それは南部九州全域の消滅の中では少なかった。天候異変による飢餓が最も疑われることであった。

九州南部は蜜源の雑木が乏しいのではないかと五島列島を調査した経験からそう思い、出かけて調べることにした。

中部九州の状況

前にも述べたが、2006年10月、セイタカアワダチソウの咲いている時期に1泊2日を2回、九州中央部と南部を自家用車で走り回った。

1回目はソバの花も含めると18カ所（お互い近いところは1カ所と計算する）、2回目は37カ所を観察した。

途中の長崎、佐賀の道路際ではセイタカアワダチソウのすべてでニホンミツバチの姿があった。熊本、大分では約半数のセイタカアワダチソウに来ていた。

久留米、湯布院間は材木の産地で、杉しかなく、雑木はわずかに川に沿ってあるだけであるが、農耕地はあり、雑草もあるためか、日田周辺以外はニホンミツバチがいた。雑木の多い由布院以東にはもちろんニホンミツバチがいる。飼っている人も見つけた。

阿蘇から熊本までは平野で、樹木はほとんど無い。河原に咲き誇るセイタカアワダチソウには、ニホンミツバチもセイヨウミツバチもいなかった。ここは雑草と農作物だけで雑木のない所である。

人吉の近くから球磨川下りをしたが、船頭が川岸の高い木々にかかっているビニールを指して、「自分の船頭歴で今年の雨が最高で、2番目が昨年であった」と言った。

この球磨川沿いの谷間にもニホンミツバチは見当たらなかった。このあと、水俣まで行き、水俣から谷沿いに内陸部に入ってみたが、ここでもニホンミツバチは見当たらなかった。南に下るほど、内陸部に入るほど駄目である。

地域の人に尋ねたら、飼っているという人を教えてもらい、蜂場を尋ねてみたら、全滅していて、最後まで生き残っていたという箱洞を覗いてみたら、巣板がスムシにやられておらず、新しかった。周りには農耕地はあるが、谷

VI　ニホンミツバチの経済学

が深く、周りの山はほとんど針葉樹林であった。その山肌のあちこちに大雨による山崩れが見られた。杉の浅い根ではそうなり易い。

　最後は八代海の海岸線を北上し、帰路についたが、この海岸近くではニホンミツバチの姿があった。

南九州の森林の状況

　問題は、10日後の2回目であった。九州自動車道で南下し、八代を過ぎ、トンネル地帯に入ると風景が一変した。頂上まで杉一色の山岳地帯に入り、ニホンミツバチの姿が見当たらなくなった。その後はどんなにセイタカアワダチソウが咲き誇っていても、そこにセイヨウミツバチを見かけることはあったが、ニホンミツバチの姿はなかった。セイヨウミツバチは給餌をされるので生き延びたのである。

　この辺りの山は五島の福江島や中通島の中心部に似ていることに気づいた。もはやニホンミツバチが戻ってくることはないのではないだろうか。

　薩摩半島の先端まで行き、大隅半島に渡り、北上して宮崎県に入った。

　鹿児島県と宮崎県ではそれぞれ1カ所しかニホンミツバチの姿を発見できなかった。指宿では一面セイタカアワダチソウのところもあったが、どんなに探しても、やはりセイヨウミツバチはいたが、ニホンミツバチはいなかった。

　国道269号線の鹿屋と都城との中間地点で小さなソバ畑を見つけたので、確認のため車を停めた。もう夕方であった。そこにニホンミツバチがいたのである。鹿児島ではじめて見るニホンミツバチであった。近くの人に尋ねて、清山さんに辿りついたのである。ログハウス専門の大工さんであった。

　ニホンミツバチが結んだ縁であった。日本蜂研究会の仲間であった。彼は3群持っておられ、死滅してそれだけになったとのことであった。私は泊めてもらうことになった。清山さんは、鹿児島県の他のニホンミツバチ仲間に電話で問い合わせしていたが、どこからもニホンミツバチが生きているとの返事はなかった。

　鹿児島、宮崎の内陸部はすさまじいばかりの針葉樹林に被われている。

　ところが、逆に照葉樹林だけのところもある。薩摩半島の尾根伝いがその

典型である。そんなところは、決まって雑草の生える日当たりのよい地面がない。

宮崎県では、綾渓谷が日本でも屈指の照葉樹林のモデル地区であるが、ここにも雑草は見当たらず、偶然見つけた近くの採石場のセイタカアワダチソウには全くニホンミツバチの姿はなかった。ここも照葉樹だけの典型である。

ニホンミツバチの生息には、雑木だけでなく雑草も十分になければならないことがわかる。雑草の代わりに果樹や農作物でもよい。雑木だけ、雑草だけでは年間を通じた花蜜の供給が十分ではないはずである。そんなところは過疎地帯が多い。どうやらニホンミツバチは人との共生を好むようである。

綾渓谷のあと、さらに谷の奥へと細い林道を30分ばかり走り、須木という所に出た。そこにはセイタカアワダチソウがあり、ニホンミツバチがいた。宮崎県で初めて出会うニホンミツバチであった。

ニホンミツバチのメッカと言われてきた椎葉も全滅である。ここのことは、ここの蜂飼いの友人に電話で尋ねてわかったことである。伝染病ではないかと言うので、巣箱の中に残った滓を送ってもらい、私のハチの巣箱に放り込んだが、何の変化もなかった。4年前に行ったが、そのとき、ニホンミツバチに元気がなく、身体が小さく、神経質であった。造林が進みすぎて、環境が良くないことを感じたものであった。

そのあと、都城在住の友人に調べてもらったら、海岸に近いところでは、志布志湾から延岡まで生息していることが判明した。鹿児島県からは開聞岳の麓で生き伸びているという報が入った。

中国地方の調査

九州南部を回った直後、中国地方も回ってみた。九州北部から山陰を回り、出雲から中国山地を横断し、瀬戸内海側を通って帰ってきた。結論を言うと、中国地方には致命的な事態は起こっていなかった。どこでもニホンミツバチを見かけた。ただ山口県徳地の「重源の郷」には居なかった。地元の人の話では、ここは昔から杉と檜だけで、雑木はほとんどなく、ニホンミツバチがこれまで居たことはないとのことであった。

この旅で1つ発見したことがある。出雲に入った途端、照葉樹林が落葉樹

林に替わることである。ここあたりが照葉樹林帯の北限になっているようである。落葉樹林帯に入っても、ニホンミツバチはセイタカアワダチソウに来ていた。落葉樹の花も蜜を充分に提供するらしい。

奥出雲に入るとニホンミツバチの密度は薄くなり、中国山地の頂上付近にはセイタカアワダチソウは見当たらず、ニホンミツバチの存在は確認できなかった。尾根を越え、広島側に下って最初に出会ったセイタカアワダチソウにはニホンミツバチが群がっていた。

以上述べてきたように、九州におけるニホンミツバチ消滅の原因として共通しているのは雑木と雑草の乏しさである。そのため最近はちょっとした長雨でも食糧の蓄えが底を突き、女王が産卵しなくなり、後継者が途絶えたまま働き蜂は野外で働きながら寿命が尽きてゆく。私の倒れた巣箱の1つでは、女王が1匹で巣門の前で途方に暮れているのを目にした。

群れの密度

旅行から帰ってきた後、新しい目で私の蜂場を見てみることにした。

私は友人、知人、親戚などのところにニホンミツバチを置かせてもらっているが、分蜂後100群になっていた群れが11月下旬、55群に減っていたのである。庭に置いている8群と近くの蜂場の12群には給餌をしたので問題は起こらなかった。

他のは遠いので放置していたが、点検してみることにした。すべての群れに、私が考案した電池式のオオスズメバチ撃退器を取り付けていたので、オオスズメバチの被害は皆無であった。もし取り付けていなかったら、食糧難で勢いを失くしていたのでほとんど消滅させられていたであろう。

1つの蜂場に5群ないし10群いるが、蜂場によっては全く倒れなかった。倒れた蜂場ではほとんど全ての群れが倒れていた。倒れたところの周りは針葉樹の割合が大きいのではないかと思って調べてみたら、確かにそうであった。その中でも、遅く分蜂した群れほど倒れる率が高いことがわかった。食糧を充分に貯めこむ前に梅雨に入ったことがうかがえる。

その後、即ち2007年の分蜂期までの間に、さらに13群が倒れ、32群で分蜂期に入った。

分蜂期が過ぎ6月になって点検してみたら、新たに62を得て94群になっていた。ほぼ元の数には戻ったのである。
　1つ不思議なことに気づいた。ほとんどの蜂場で、ほぼ1年前と同じ群れの数に戻っていたのである。すべて滅びたところでも、空き箱に元の数が戻っていた。私はすべての蜂場に余分の巣箱を置いているが、滅んだ数と大幅に違った数が戻っているところはなかった。
　1カ所で飼える数に上限があることには以前から気づいていたが、それがこれほどはっきり現れたのには驚いた。
　多く倒れたところでは、生き残った強勢群は食糧の分け前が増え、さらに勢力を増し、分蜂数を増やし、その地域の収容能力まで数を戻せたに違いなかった。
　最も環境の良いと思えるところでは、これまで営巣群が15群ほどになっていたが、それ以上になったことがなかった。この15群あたりを上限として、10群、5群、2群などと群数が大体固定している。
　これらの蜂場を、谷向こうの小高いところから眺めて納得がいった。周りの自然環境、すなわち雑木と畑地、あるいは雑草の広がりが営巣群の数に対応しているのである。
　雑木の中心は椎であるが、傾斜の急なやせた土地に生えた細い椎では花は咲かない。厳密なことは言えないが、例えば、営巣群1群につき椎の大木が2～3本では間に合わない感じがする。蜂場に10群がいたら、周り1キロの半分の面積が巨木のある雑木林で、残り半分が畑地でなければならないであろう。
　飽和状態になると全群が弱り、オオスズメバチに蹂躙され、全群が一挙に倒れる。蜂場に1群も強勢群がいなくなったら飽和状態になったとみてよいであろう。
　2008年5月、椎の花の当たり年であった。私は椎の花の咲き具合を見て回った。分蜂がほぼ終わり、ニホンミツバチが勢いづく季節である。蜂場の群数と分蜂数がその周りの椎の花の咲き具合にほぼ比例することがあらためてわかった。さらにこの時期の集蜜量がその後の勢いを保障するのである。
　この上限の群数を決めるのは、春の流蜜期の集蜜量だけではなく、夏、7

月の半ばから9月末までの乏蜜期の流蜜も影響するが、まずは繁殖期の流蜜である。

給餌なしの自然界では、これがニホンミツバチ生息の第一の要因であろう。

以上のことを勘案すると、ハチ群に活気を与え、採蜜を維持していくためには、蜂場の群れの数を飽和状態の3分の2程度に制限することであろう。自然界ではオオスズメバチがその働きをしていると考えられる。

以上をまとめると、ニホンミツバチ絶滅の原因は、まず雑木の乱伐による蜜源と営巣場所の消滅、次に分蜂期の長雨であり、弱ったところをオオスズメバチに止めを刺されて幕になる。

農薬は絶滅の原因になりうる

ニホンミツバチが居なくなると逃亡したと思いがちであるが、実は死滅した場合が多い。

一般に言われているほど逃亡は起こらない。健全な群れは常に幼虫を育てていて、幼虫を捨てて逃亡することはない。

死滅する場合、従来、餓死と女王の老齢の2つが原因である。どちらもハチが弱りかけたと感じてから消滅までに1カ月以上かかる。餓死の場合、ミツも幼虫も残さないし、女王の老齢による場合は幼虫は残さない。

しかし最近は、ハチに元気がなくなったと感じてから1週間以内に消滅する事例が多くなった。

巣門前に幼虫あるいは成虫の死骸が散らばったら、巣箱の下から点検してみる。新しい巣板がむき出しで、蜂数が減っていたら、原因は有機リン系農薬である。

働き蜂が幼虫とミツを残していなくなる場合は、ネオニコチノイド系農薬被害である。どちらも神経毒なので、目や方向感覚をやられ帰巣できないものと思われる。内勤蜂も汚染された水や花粉で死を悟り、巣の外に飛び出すのではないだろうか。女王蜂までもが、死骸を残さない。

最近は農薬がミツバチ消滅の原因のトップに躍り出てきた。風下だと500メートルくらいでも散布から1週間以内に全滅する。農薬の効果は1カ月持続すると農協は宣伝している。2009年は例年になく被害が急増した。近くに稲田

100. ミツを残したままハチはいなくなっている。

101. 蜜蓋だけが残った巣板の跡。スムシが蜜の充満した巣房を食べた。

がある巣箱はすべて死滅した。

　農薬の霧の中を飛行したり、農薬のかかった花蜜や花粉に触れたり、農薬の溶け込んだ稲田の水を飲んだりが考えられる。被曝の程度に応じてハチが全滅するまでの日数には長短があるが、最終的には、スムシが巣板を侵食するので、残ったミツがこぼれて巣門から出てくる。

　病気で死ぬことのないニホンミツバチまでもが、ミツや幼虫を残したままいなくなる点で、現在、世界で問題になっている蜂群崩壊症候群（CCD）と全く同じ死に方である。この点からも世界のCCDの原因が農薬を中心とするものであることがわかる【写真100、101】。

　ニホンミツバチは山間部に、少数群に分けて飼われる場合が多いので、平地にまとめて飼われているセイヨウミツバチほどに1度の被害が甚大になるケースは少ないが、それでも消滅は激しい。

　ハチが育つには雑木の森だけでなく、果樹や野菜の畑も必要であるが、ハチが生息できるところは皆無になりつつある。やがて絶滅に至る恐れがある。

　2009年は私の群れの分蜂数は少なかった。それまでに少しずつ減って35群になっていたが、ほとんどが弱々しく、分蜂で70群、2倍にしかならなかっ

た。例年は3倍になっていたのにである。

　この年の10月初旬、その70群が17群に減った。死滅した群れのほとんどがミツをたっぷり残したままであった。

　この年、私の庭には、ついにオオスズメバチが現れなかった。コガタスズメバチもキイロスズメバチも少なかった。農薬被害はスズメバチにも及んでいることを思わせた。

　2009年8月11日、壱岐島のハチ仲間から報告が入った。

　「朝8時過ぎ、自宅から100メートルほど離れた稲田にトラックに積まれた無人ヘリがやって来て、農薬散布の準備を始めた。庭に置いている4群のニホンミツバチたちは一斉に巣箱を飛び出すのをやめた。帰ってくるハチはいたが、出て行くハチは皆無であった。まだ散布は始まっていなかった。さいわい風上であり、5分ほど散布して、ヘリは遠いほうに移動したが、それから10分ほどしてからハチたちは生産活動を再開した」

　ヘリやトラックや作業員に農薬が付着していて、それを風上なのに嗅ぎ分けたに違いなかった。ニホンミツバチの不思議な能力に驚いて電話をしてくれたのであった。

戦後の絶滅を免れた離島の状況・農薬被害

　《的山大島》2008年10月13日、全島調査をした。咲き誇るセイタカアワダチソウに全くニホンミツバチの姿はなく、すでに絶滅したものと思った。そのことを昼食に入った食堂の主人に話すと、「そんなことはないはず、うちの親父も飼っていたし、近くの墓にも、人家の屋根裏にもいた」ということで、今度は2人で一緒に回ってみた。以前営巣していたという場所を回ったが、すべてもぬけの空であった。そしてセイタカアワダチソウの群落で、2匹だけ見つけたのであった。まだ絶滅には至ってなかった。「松食い虫駆除の空散が原因だ」と彼は言った。

　2009年5月31日、空散の数日後再び行って見た。ネズミモチ、クロガネモチの開花期である。2人で全島をどんなに探しても、もはやニホンミツバチの姿はなかった。

　海岸に降りてみたが、通常は群れをなして逃げるフナムシの姿がなかった。

岩の間を見ると、死骸が次々に見つかった。不思議なことに、そこから1キロ以上離れていると思われる海岸に下りてみたが同じ状況であった。

　この島には稲田も多く、ネオニコチノイド系農薬の散布も多いはずである。

　この年を、この島のニホンミツバチが絶滅した年と宣言して間違いないであろう。

　《平戸島》2009年7月20日、平戸島の蜂場めぐりをしたが、島で1羽のツバメも見当たらなかった。分蜂期の4月に回った時には渡って来ていたのである。帰りに注意していたが、佐世保の市街地に入るところで初めて1羽を見かけた。市街地のビルの間では多くが飛び交っていた。

　平戸島のニホンミツバチの生息状況が良くないのは、近親交配が重なったせいではないかと考えて、前年、本土側の私の群れを14群、平戸島の知人友人親戚のところに移していたが、繁殖しない本当の原因は農薬ではないかと思い直した。

　平戸島は島全体が農薬に覆われてしまうほど農地の割合が大きいとは思っていなかったが、ツバメを全滅させるほどの原因は他に考えられない。稲田に農薬を散布すると、ツバメが集まって来て飛び上がった昆虫を捕える光景はこれまで見てきたが、ツバメが減ったと思った記憶はなかった。それなのにいなくなっているのだから、食中毒を起こす農薬に変わったのではないかと思った。吸い込んでも致命的になるのかもしれない。立ち寄った友人は、ツバメが作りかけた巣を残したままいなくなったと言った。

　現在、農村地帯は人が住むには危険なところになっているのではないだろうか。蜂場巡りをするのが怖くなってきた。

　ツバメの生息について全国的な調査が必要だと思っている。

　さらに10月になるとコメの収穫の時期になり、例年、数百匹のスズメが群れをなして稲田を攻撃するので、ガスデッポウと呼ばれるスズメ脅しが稲田のあちこちで爆発音を響かせていたが、2009年の秋は、佐世保から平戸島にかけて、その音を全く聞かなかった。稲穂の垂れた稲田を見て回ったが、スズメの姿をほとんど見なかった。「農薬を散布するまではいた」と田の持ち主は言っている。

汚染された籾を食べて中毒死したと考えるのが自然であろう。それなら同じく籾を拾って食べるキジバトも同じ運命になるに違いないと思い、キジバトを探してみたら、キジバトはいた。

しかし、12月20日、それまで毎朝私の家の庭で鳴いていたキジバトの声がしなかった。外に出て、その番いの姿を探したが見つからなかった。そして4日待っても姿を見せないので、平戸島に出かけて、そこはどうなっているのか調べることにした。結果は、心配した通りであった。稲田から2キロ以上離れたところにあって、ニホンミツバチが生き残っている蜂場の近くで、ひと番いを見ただけであった。6時間走り回って、他には見当たらなかった。スズメがいなくなってから2カ月が経っている。身体が大きい分、毒の回り方も遅いのかもしれない。食中毒に関する動物実験がなされているのであろうか。

年が明けて2010年になってもキジバトは帰って来なかった。

人への健康被害が心配である。人は籾殻を外して米は食べるし、身体もさらに大きいので影響が現れるのに時間がかかっているだけなのかもしれない。

《小値賀島》2009年8月2日、レンタカーで全島を回ってみた。この島は松が多く、雑木が少ないので最初からニホンミツバチ復活の対象に入れていなかった。

しかし、ニホンミツバチを復活させた島々で松食い虫駆除剤の空中散布による被害が出てきたので、この松だらけの島の状況を調べたのであった。

ほとんど1日この島で過ごしたが、どの時間帯でも蝉の声を聞かなかった。いま佐世保の自宅の周りは朝から蝉の声でうるさいのである。

どこの海岸に降りてみても、フナムシの姿はなかった。目を凝らして見ると数ミリの、生まれたばかりのようなフナ虫が岩の間にいた。水中にいて助かった卵から生まれたのではなかろうか。

岩の隙間や石の下も調べたが、生き物の気配はなかった。

Ⅶ　ニホンミツバチ生業への道

ミツ巣房を遠心分離機に掛けるために、ミツぶたを切り取る。

1　生業養蜂

生業化の条件

　ニホンミツバチを生業にすると言うと、「ミツの生産性が低いのでそれは無理だ」と言う人が多い。しかし、ニホンミツバチを復活させた長崎県の離島で、生業は可能であることが証明されつつある。採取された蜂蜜を自家消費あるいはそれに準ずる消費に限定できない状況が生まれている。

　例えば壱岐島では、飼養2年目にして会員の半数が、分蜂によって30群を超える群れを持つに至り、1群の採蜜も年に4～5回が普通になり、一人で合計300キロないし500キログラムのミツを収穫することになった【写真102】。このままだと2～3年先には島全体で数千の群れになり、手に負えなくなる。分蜂時に自然界に帰って行く群れも多くなり、生息が島全体に広がるのは必定である。

　蜂群崩壊症候群とか言って、セイヨウミツバチは世界各地で消滅しつつあるが、それとは逆に、壱岐島や五島列島ではニホンミツバチが繁殖している。

　壱岐での状況を見ていると、もはやニホンミツバチが、庭先養蜂とか趣味養蜂とかいう範疇では語れないことがわかる。

　セイヨウミツバチには未来がないような気がしている。地球温暖化、土地開発、農薬の使用拡大など、迫りくる危機に対して、生活力の弱いセイヨウミツバチは耐え抜けないのではないだろうか。ニホンミツバチがものともしないダニやオオスズメバチにも弱い。このように脆弱なセイヨウミツバチの飼養継続はやがて限界が来るような気がする。ミツの味も悪いし、安いミツも外国から入っていて太刀打ちできない。それに、この難局の中で養蜂後継者を育てるのは難しい。

　両種のハチの生産性について再検討してみる必要もある。セイヨウミツバチはニホンミツバチの8倍のミツ生産力を持つと言われてきたが、壱岐のニホンミツバチを見ると決してそうではない。8倍とは、乏蜜期には十分な給餌をしたセイヨウミツバチと全く給餌をしないニホンミツバチとを比べて言っ

ているのである。壱岐のように有り余る蜜源があれば4倍である。行動半径が2倍なので面積にしたら4倍になり、計算上もつじつまが合う。ニホンミツバチの箱を4倍の密度で置けば生産量は同じになる。4倍の密度で置ける条件さえあれば、

102. 9段の重箱にミツが充満した。(壱岐島)

ニホンミツバチのほうが世話がかからない分、ミツの値段が高い分、断然有利である。壱岐や五島ではセイヨウミツバチはバカらしくて飼えない。

では、4倍の密度で置ける条件は何か？　何が高密度に置くことを阻害しているのか？　それは広い土地を個人では滅多に所有できないからである。しかし、このハチが花粉媒介によって環境と農業を守っていること、温和なハチであることを世間にもっと知ってもらえば、他人の土地にも置かせてもらうのが容易になるであろう。

そもそも、日本を含めてアジア諸国でセイヨウミツバチが飼われることになった理由は、1群あたりの集蜜量が多いということだけである。いろいろと品種改良も加えられてきたが、集蜜量以外ではトウヨウミツバチを超えるには至っていない。セイヨウミツバチのこの利点は現在の土地所有制のお陰にすぎないのである。もちろん、ローヤルゼリー生産、女王蜂の人工増殖などの技術が確立しているが、私はそれらの意義をあまり評価しない。

ニホンミツバチの特に優れている点は、そのミツの味にある。セイヨウミツバチのものとは比べ物にならない。ニホンミツバチの蜂場を訪れると、そこはミツの匂いに満ちているのが普通であるが、セイヨウミツバチの蜂場に行ってもミツの匂いはしない。ミツを取ってくる花によってミツには微妙な風味の違いがあるが、ニホンミツバチのミツには、この風味に絶妙なバラエティがある。セイヨウミツバチのミツにも、レンゲ蜜、クローバ蜜、アカシア蜜などあるが、その違いを楽しむほどの風味はない。

103. ニホンミツバチは6℃から作業開始。

104. セイヨウミツバチは9.5℃から。

　ニホンミツバチは野生種であるが、それは原始的ということではない。むしろ進化の点では、もはや改良の余地がないほどの極点に達していると思っている。

　いろいろな点でニホンミツバチ養蜂は難しくない。元々野生種なので、放任しても育つのである。興味のある人が巣板の匂いを付けた空の巣箱を畑の隅などに置いているだけで自然界から入ってくる。周りの環境が良ければ、年ごとに群れは増えていく。意欲があれば生業にすることも可能である。

　今後は、これまでセイヨウミツバチが行ってきたミツ生産だけでなく、花粉交配の役割もニホンミツバチが背負うことになるのではないだろうか。その時のための研究も長崎県の離島では進められている。花粉交配に関してなら、ニホンミツバチのほうが断然優れている。寒い中でも暗い中でも働く【写真103、104】。

　2009年、復活2年目の離島の現状を端的に言うと、生業あるいは専業化への模索である。そうしなければならない段階に入ったのである。増えてきた群れをどうするのか？　このハチは自然界で自由に生きることができる。放任してもいいし、生業にしてもいい。あらためて、個々の飼養者がこのハチ

Ⅶ ニホンミツバチ生業への道

とどのように向き合うのか決めなければならなくなった。

　販路を確立し、設備を充実して生業化に取り組む人たちも現れた。他に生業を持っているので飼養は趣味程度でよいと考える人も当然いる。

　現在飼っていない人でも、望めば自然界から捕えて飼うこともできるようになった。

　生業化を目指した会員たちは「熱をかけない」「発酵させない」「給餌をしない」「薬品を使わない」をセールスポイントにすることを決めた。そのために、冷蔵せずとも発酵しない糖度80度以上の蜜を加熱なしに実現する装置の開発に取り組み、さらに、年間を通じて流蜜を絶やさないために、蜜源植物の開花を絶やさない研究をした。

　また、ニホンミツバチは病気に罹らなし、ダニにもやられないので、生来どんな薬品にも無縁である。これはセイヨウミツバチでは達成が困難な事柄である。

　世界の蜂蜜の糖度規格は80度以上であるが、日本では77度である。生蜜はそれでは発酵する。糖度を上げることはしないで発酵を抑えるには、セイヨウミツバチの養蜂家が従来行ってきたことであるが、ミツを50℃の温度にして3時間かけて酵母菌を殺せばよい。しかしそれではアミノ酸を破壊し、味を落としてしまう。第一、50℃の温度を3時間保つのは技術的に難しい。もし誤って50℃以上の熱をかけた蜜になっても判別することはできない。

　壱岐では、真空方式や除湿剤を使った実験が繰り返され、ついに38℃以上の熱をかけないで糖度を自由に決めることのできる方法を獲得した。濃縮の過程で酸化による味の低下を防ぐための方策も発見された。上五島では除湿器の原理を使った方法が完成した。私は結露によって水分を抜く方法を完成させた。

　ミツは濃くなるほど粘度が増し、使いにくい面も出てくるので、82度あたりに統一しようと話し合っている。（濃縮器の詳細は後述する。）

　将来的には産業化を目指している。産業化と言うからには、生業養蜂家が20人以上で、共同の作業場を持ち、販路が確立し、需要に供給が十分に応えられなければならない。例えば壱岐島では、蜜源との兼ね合いで、生息数の限界は4千ないし5千群と思われるが、そこまで至るには、後3〜4年であろ

う。産業化はそれほど遠い未来の話ではない。

それ以前に、長崎県の離島が世界に向かって、トウヨウミツバチがセイヨウミツバチに代わって生業を支えることができることを証明するであろうと思っている。さらに壱岐島の会員たちは、世界一良質のハチミツ生産を実現しようと意気込んでいる。また、それが可能であることを肌で感じている。

ニホンミツバチは人と対等の関係である

人とセイヨウミツバチとの関係は主人と奴隷の関係であるが、人とニホンミツバチの関係は対等であり、お互いはパートナーである。セイヨウミツバチは人の手を離れたら生きていけないが、ニホンミツバチは人との関係が良好でないと自然界にいつでも戻れる。ニホンミツバチは自然の一部である。ツバメと同じである。セイヨウミツバチとニホンミツバチの違いを、「家畜」と「ペット」という概念で括ることはできない。

逃亡と呼ぶのは実は家移りである。サービスが悪いから愛想を尽かされたのである。それをとがめる資格は人にはない。

セイヨウミツバチから採蜜するということは奴隷から搾取しているのであるが、ニホンミツバチからミツを採るのは家賃をいただく行為である。

ニホンミツバチを飼うということは、ハチを所有することではない。住居を提供しているだけである。

両種の、この基本的な関係の違いが自ずと扱い方の違いを生む。愛情と尊敬があれば使い捨ての扱いはできない。

蜜源植物の栽培

産業化を実現する前段として生業化があるわけであるが、生業化の第一の条件は個人の覚悟である。趣味で養蜂を行うのとは違う覚悟、すなわちプロとしての覚悟、食品を扱う者としての覚悟が要る。

さらに、蜜源を年間を通して確保できることである。すなわち、できるだけ蜜源植物を栽培できる農地が必要ということである。周りに雑木が豊富であるだけでは、継続的な採蜜は難しい。1つの蜂場に10群置くとして、最低

1反（1000平方メートル）の畑がほしい。環境が良ければ1つの蜂場に20群置ける。

さいわい、耕作放棄された土地がふんだんにあり、タダ同然に借り受けて蜜源植物を栽培することができる。

105. 7月下旬に咲かせているソバの花。

専業にするには100群くらいを7〜8カ所の蜂場に置くのが目安になるであろう。

最後の項で、蜜源植物の種まきの時期と開花時期を述べている。流蜜に連続性があれば45日ごとに採蜜が可能である。砂糖による給餌も病気予防の薬品も使わないので、蜜は溜まり次第に採蜜しても問題は起こらない。

ソバ蜜の不思議

自然界では7月の下旬から乏蜜期に入るが、この時期に蜜源を確保することが年間で最も重要である【写真105】。この時期に咲かせるソバは実を付けないが蜜は出す。

ソバのハチミツはセイヨウミツバチのものは苦くてとても不味いが、ニホンミツバチのものはとてもよい味である。セイヨウミツバチのミツでは最高と言われるレンゲソウのミツも、ニホンミツバチのソバのミツにかなわない。同じ花蜜がどうしてハチの種類によってこれほど違ってくるのか不思議である。

ソバのミツは巣房にあるときから泡を吹く。ミツに混じった花粉が空気の粒の中に入っているようである。容器に詰めるとこの泡が上がってきてビールの泡のようになる。この泡は美味しい。この泡が空気とミツを遮断するので、すぐに蓋をしなくても湿気を吸って糖度が下がる心配はない。

器具

器具の生産、販売は本来の目的ではないが、需要があれば製作することになるかもしれない。ニホンミツバチ養蜂に特定的に必要な器具として以下のようなものがある。

巣箱、巣枠、巣礎、遠心分離器、蜜濃縮器、給餌器、ビニールハウス用品、オオスズメバチ撃退器。

これらについて以下に述べるが、まだ試行錯誤の段階で、技術が確立するまでにはさらに時間を要するであろう。

ノウハウに関わる部分もあるので、詳細にわたって記述できないことを了承していただきたい。

巣枠・巣箱

養蜂の成否は蜜源である。蜜源の豊富なときは、重箱式だと採蜜が45日ごとにできるが、巣枠式にすると20日で可能になる。

当然のことながら、ニホンミツバチにセイヨウミツバチのラ式と同じ方式の巣枠は使えない。独自の方式が求められる。巣枠の下辺の横棒はあってはならないし、巣礎も全面に張ってはならない。蜂球を作り、その中で上を向いて作業をしているニホンミツバチには、これらは邪魔になる。

私が考案したのは、重箱式の巣枠式である。最初は最上段にだけ短い巣礎を着けた巣枠を入れる【写真3、4】。ラ式のように継箱を上に足してゆくのではなく、下に足してゆく。上から下へと巣板を伸ばし、新しい巣板にしか産卵しないニホンミツバチにとってはそのほうが理に適っている。

それぞれの巣枠入り重箱の内寸は25×25×12.5センチにしていて、上から見たら今使っている重箱式と同じ正方形であるが、巣枠の幅の分、容積が小さくなり、採蜜の間隔がさらに短縮される。

内寸25センチの中に7枚の巣板が入る。中蓋、蓋ともに重箱式と同じものが使える。

重箱3段から始めるのは、従来の方式と同じであるが、分蜂群を入れる段階では、最上段だけ巣枠を入れる。上段の重箱の巣板が成長して下の重箱に

至りそうになったとき、下の重箱に巣枠を入れる。最初から入れると、下段の巣枠が邪魔になるので待ち箱として選ばなかったり、下段から巣板を作り始めたり、分蜂群を収容すると逃去したりする。

巣枠を入れるのは上から3段目までである。4段目からは、井の字型の桟のある重箱にする。

106. 巣枠式の試み。

4段目まで巣板とハチが充満してから、最上段あるいは2段目から採蜜を行う。2段目を採るのは、そこのミツが最上段のミツより糖度が高い場合である。採蜜のため最上段を切り離した後、糖度計で最上段と2段目のミツの糖度を測る。2段目のほうが糖度が高いときは、その下を切って、2段目を採蜜する。

巣枠の巣板の蜜蓋を切り、遠心分離器で分離した後、巣枠は最初の順序を変えないようにして重箱に戻し、その重箱は最上段に戻す。流蜜期であればそこに20日後に再び蜜を貯める。

次は2段目を採蜜する。

ニホンミツバチはセイヨウミツバチとは違って、新しい巣板の下端で産卵し子育てをしているので、ハチ数を増やし続けるためには、重箱を下に継ぎ足し続けなければならないことになる。下に継ぎ足しながら採蜜の済んだ重箱を上に戻し続けたら、巣箱は高くなる一方である。しかし、採蜜の頻度は多くなるが、その度に最下段にかさ上げするわけではない。

いろいろ試みてきたが、現在このあたりに落ち着いている。流蜜が続かないなら、巣枠式はあまり意味をなさない。

巣枠式には巣礎が必要であるが、短い巣礎を使うので、6角形の型押しのものは必要でなく、平面のものでいいので、自作が可能であり、その製造法も完成させた。

107. 内径25センチの重箱の中に7枚入る。

108. 最上段を切る。

【写真106】は、枠の構造を示したものである。上辺の竹2本の間に短い巣礎を挟み、巣枠の縦板の中間に穴を開け、竹ヒゴを取り付ける。底辺のバーは省いている。両側の縦板の上辺の幅は33.5ミリ、下部の幅は15ミリである。縦板と巣箱の壁との間には、ハチの通り道として10ミリの隙間ができるようにする。

巣礎はセイヨウミツバチのように巣枠の全面に張ってはならない。巣礎の役割は巣板の方向を決めるガイドラインである。巣板は上から下へ自分たちで作らせなければならない。

【写真107】は箱の中蓋を外し、ハチを入れる前の巣箱である。巣枠は巣門のある側の壁に対して直角になるように取り付ける。すなわちこの図では左右のどちらかに巣門がある。

巣箱を設置するときは水準器を使って、巣門から見て左右は完全に水平にならないと、巣礎が下までないので、巣板は巣枠に沿って垂直に伸びないことになる。

採蜜は普通の重箱式と同じように、重箱を切り離して行う【写真108】。

あとはセイヨウミツバチと手順は同じである【写真109】。

巣箱

巣枠式の巣箱は改良型である。【写真107】を見ていただきたい。両側面の重箱の継ぎ目に25センチの板を取りつけるとお互いずれなくなる（実用新案）。

109. 巣枠のミツ巣板。

遠心分離器

垂れ蜜と手搾りについてはすでに述べたので、ここでは遠心分離器について述べる。

セイヨウミツバチ用は重くて手持ちでは持ち運べない。しかしニホンミツバチの巣枠は小さいので、分離器も小さくできる【写真57】。容器の部分をステンレスかアルミにすればコスト高にはなるが、丈夫で、熱湯殺菌もできる。

作業をビニールハウスの中で行うと、暑いが能率は上がる。

110. 濃縮器外見。

濃縮器（特許出願中）

濃縮は、気密室の中に、濾し取ったミツを乾燥剤と一緒に閉じ込める【写真110】。乾燥剤とミツとの割合にもよるが、糖度77度のミツが5日で82.3度に濃縮される。内部の空気を循環させたり、蜜蜂酵素を破壊しないために温度を38℃以上にしないなどの装置も必要である。

乾燥剤が湿気を吸収することによって、室内は真空に近づき、さらなる水分の吸収が促進される。途中で一度開いてミツをかき混ぜたほうがよい。

ミツを密閉する前に、鉄の酸化熱を利用した使い捨てのカイロ（商品名：ホッカイロ）を入れると、内部を酸欠状態にするのでミツの酸化による劣化を防ぐことができる。空間が大きいようだとアロマポットにロウソクを入れ、点火してから密閉したらよい。

ソバミツの場合は上に浮いた泡がミツを空気から遮断するので、そのままだと濃縮が進まない。中途で泡を除去しなければならない。濃縮の途中で攪拌するが、その際さらに泡が増えるが、ヘアドライアーで除去できる。

オオスズメバチ撃退器

これは第Ⅴ章で述べているが、材料を何にするか少し検討してみたい。階段式は最初、プラスチックで作っていたが、難点があった。厚くすると裁断が困難になり、薄くすると、曲がり易く、取り付けてもオオスズメバチが押し開いて潜り込んだりする。そこで、木製を試みた。こちらのほうが製作が楽である。そのままだと水に弱く、歪んだり腐朽したりするので防水ペンキを塗ることにした。これは設備がないと結構大変である。塗るのも大変であるが、塗った後の乾くまでの置き場所にも困る。2回塗り、3回塗りだと手に負えなくなる【写真88】。

強勢群にはこれは必要でないが、ほとんどの群れには必要である。これを取り付けないと滅ぼされる。少なくとも生産活動に支障をきたし、秋に採蜜できるほどミツを貯めることはできない。

以下は器具ではなく製品その他であるが、ついでなので、ここで述べておく。

巣板付きハチミツ

巣枠に貯めた蜜を遠心分離器で採蜜しないで、その蜜巣板そのものを販売することができる。巣房巣板が新鮮で白か黄色だと、蓋の着いた巣板ミツは2倍の値が付くので、ミツを分離しないほうが利益が大きいと言える。その

際、食べられる巣礎が必要になる。

混じり物のない巣礎が自前で作れるようになった。

蜜蝋

巣礎の原料になる蜜蝋ではあるが、現在、世界的には重量単位でミツと同じ値段である。日本では相場がない。採算が取れないので業者が集めないからである。口紅の原料、錠剤のコーティングなどに使われているとのことである。

巣板は、白、黄、黒の３種に分けられ、値段が違うが、業者に渡すのであれば、巣板のままということになる。精製には工場設備が必要である。

ニホンミツバチの蜜蝋はセイヨウミツバチのものよりきめが細かい。用途を開発する必要があると思っている。揚げ物油の代わりに使うことができるので、油物が摂取できない人の食物になる。菜種油より熱を加えたとき酸化による劣化率が低い。食べても皮膚に接しても無害なので、何かの食品のコーティング材、高級クリームや石鹸の原料になるのではないだろうか。個人で商品化できる新商品のアイデアがあるかもしれない。

蜂蜜酒

ミツの搾りかすをリカーに入れることにすればよい。黒い巣板のものは使わないことにしていたが、こちらのほうが薬効があるということで高価であることがわかった。１カ月後に濾す。特産品にするのであれば酒販店と契約しなければならない。

温室交配用蜂

送粉者としてはニホンミツバチがセイヨウミツバチより優れている。繁殖期には朝は薄暗いうちから夜は暗くなるまで働く。気温が５℃以上あれば日没後20分までは巣を飛び出して行き、日没後30分、人間の目では巣門が見えなくなるまで働いて帰ってくる。セイヨウミツバチも気温が10℃以上あり、蜜源が巣箱から見えるところにあれば日没後20分くらい働くが、普通は日の出から働き始めて、日没までである。

ニホンミツバチは日が暮れ、太陽コンパスが使えなくなると、巣門の傍から集合フェロモンを放出したり、飛び出して、空中に道案内のフェロモンを振り撒いたりしている。

　標高400メートルの高原にも巣箱を置いているが、雲がかかっているとき行ってみたことがある。同じようにフェロモンを空中に振りまいていた。巣門にたむろしている10匹ばかりのハチが交代で飛び出していた。帰ってきたとき巣門の中に入って行かないのでそれとわかる。働きから帰ってきたハチは、何かを探すときに発する高い羽音で巣門に飛び込んでゆく。麓の雲のかかっていない所に集蜜に行っているに違いなかった。

　イチゴの受粉に必要とされる秋から冬にかけては、セイヨウミツバチは働かない日が多いが、ニホンミツバチは働く。ニホンミツバチは寒さに強いのである。

　この寒さに強いということが、いろいろの点でセイヨウミツバチとの違いを生み出している。分蜂開始もニホンミツバチが1カ月早いが、それは女王の産卵開始も1カ月早いということで、2月に入ると産卵を開始する。

　産卵を始めると働き蜂は早起きになり、晴れだと4℃という寒風の中にまず気象観測のハチが少数飛び出していき、空中を一周して戻り、5℃で働き蜂が集蜜に出かける。そして夕方5℃に下がるまで働く。

　セイヨウミツバチは巣門に朝日が当たっても9.5℃にならないと気温観測のハチは飛び出さず、10℃になって働き始める【写真104】。そして9℃に下がると、すべてのセイヨウミツバチは一斉に巣に戻る。2月はニホンミツバチの活動開始の気温がセイヨウミツバチより5℃低いことになる【写真103】。イチゴハウスで働かすのにより優れている。

　セイヨウミツバチは3月に入ってから子育てを始め、5.5℃で気象観測、6℃で花粉採取と集蜜に出かけるようになる。それでもニホンミツバチより1℃高い。

イチゴハウスとミツバチ

　イチゴハウスにセイヨウミツバチを閉じ込めているが、ハウスの中は高温と低温を繰り返すので、ハチは巣内の温度調節ができず、繁殖しないばかり

か、天井に遮られて消耗してゆく。

　イチゴは花蜜と花粉の両方を提供するが、相当広いハウスでも1群を養うことはできない。時々ハウスの側面を開いて外に出してはやるが十分な処置ではない。冬を越した頃には死滅寸前になっており、ほとんどは蜂数を回復しないまま死滅の道をたどる。もちろん砂糖水での給餌はなされるが、ハチの消耗はとめられない。

111. イチゴハウスで働く。外付け。

　ミツの値段のことを考えたらハウス貸出しは引き合わない。それで採蜜不能な弱小群を貸し出すことになる。ハウス内で活動するハチの数は10匹もいたら十分なので、弱小群で間に合うからである。1万匹ものハチを閉じ込めるのはもったいない。しかし弱小群は強勢群に較べて出巣気温が高く、使い物にならない群が多い。

　それでは、ハチの消耗をなくし、必要な数だけ中で働かせるにはどうしたらいいか。私はイチゴハウスでニホンミツバチを使って実験をしてきた。

　ハチがハウスの内と外の両方に出られたらいいのである。巣箱はハウスの外に置き、巣箱の横面をハウスの壁に密着させ、巣門に四角の筒を取り付け、端をハウスの中に入れ、ハウスの内と外の両方に行けるようにする【写真111】。

　これで、十分な数のハチがハウスの中に入ってくれるか心配することはない。中から匂いがしてくるので必要な数は必ず入る。また、中に入れたほうが、温度が高いので早くから働き始めるような気がするが、それはあまり関係がない。不思議なことには、濡れる心配がないのに雨が降ると飛び出さない。

　ビニールの天井にぶつかるのは、ハウスの先にある蜜源に行こうとしてハウスに入るからで、それを防ぐためには、中に入るのに15センチほど歩くようにすると、ハウスの外に行くハチは、歩くより飛んだほうが楽なのでハウ

112. セイヨウミツバチの外付け。

113. 巣門とハウスの開口を向き合わせる。

スには入らない。

　ハウスの中に入る方法を早く覚えさせるためには、設置した次の日半日だけは、ハウスの中にしか行けないように、外界に開いた部分を閉鎖するとよい。

　ビニール壁の内側に巣箱を置き、外に出られるように廊下を付けるのはよくない。巣内の温度調節ができないのと、薬剤散布のたびに外に出さねばならないからである。

　また巣箱の前と後に2つの巣門を付け、一方を中につながるようにする案もあるが、これだと気温が下がるとハウス内の気圧が下がるので、冷たい風が巣箱の中を吹き抜けて暖気をかき混ぜ、巣内を冷やすことになる。

　外付けにする方法はセイヨウミツバチにも使える【写真112】。

　ハチが消耗しないので業者としては強勢群でも貸し出せる。

　簡略化して、ハウスのビニール壁を切り開け、巣門を10センチほど離して向き合うように置いてもよい【写真113】。問題はハウスの外の蜜源に行こうとするハチも中に入ることがあるので、ハチがいくらか消耗することと、太陽でハウス内の温度が上がると空気が噴出し、巣門に吹き付けることである。残留農薬があると問題が起こる。

ただ、セイヨウミツバチは寒さに弱いので、冬は段ボールあるいは毛布で巣箱をそっくり包まないと越冬が困難になる。

最近は日本でも農薬によるセイヨウミツバチの消滅が加速しており、ハウスに貸し出せる群れはいなくなりつつあり、ハウス栽培そのものができなくなる可能性がある。

ニホンミツバチを代わりに利用できないか検討する段階に来ているようである。ただ問題なのは、全国のハウスで働かせるには膨大な数の群れを必要とするが、ニホンミツバチでは女王蜂の人工増殖が困難な点である。

農業のあり方が問われている

ハウス内で交配用として使われるセイヨウミツバチの多くは短期使い捨てとして産出されたもので、働き蜂の数は極端に少ない。イチゴあるいはメロンが開花しているときだけ働けばよいのである。

卵の入った王台に少数の働き蜂を伴わせた小さい巣箱を、開花時期に合わせてハウスに入れる。ハチたちは1つの王国を作ろうとして働く。しかし、蜂数不足、役割分担に応じた蜂数のバランスに欠けるため、ほとんどは短期間に死滅する。

ニホンミツバチではそのような使い方はできないのであろうか？　群れを増やす方法でなら不可である。技術は開発できても、蜂数を増やす蜜源がない。長崎県を見まわしても蜜源の豊富なところは数カ所しかない。

工場生産のような農業のほうを見なおすべき段階に来ていると思わざるを得ない。それは消費者がハウス栽培によって得られる時季外れの果物は、糖度が低く、農薬漬けであることを知ることから始まるであろう。見た目の良いものほどあぶないのである。

ニホンミツバチを訓練する

それでもハウス栽培が必要な状況は急にはなくならないであろう。そのための、もっと自然なニホンミツバチの利用の仕方を考えてみたい。

ミツバチが通常の訪花活動として、外部からハウス内に入れるようにすればよいのである。暖かい時にハウスの扉を開けるが、その開く方向にニホン

ミツバチの巣箱があるようにすれば、ニホンミツバチは花の匂いに誘われて、その扉から入り、蜜や花粉を集めるとそこから戻るようになる。何回か繰り返しているうちに、扉を置いた瞬間にハチはやってくるようになる。

しかし問題は、内部の温度が30℃にならないと扉を開かないことである。ハチ専用の窓を取り付けて、外部の気温が10℃くらいから開くようにしたら、ハチは複数のハウスに行くので、高価な蜂群をそれぞれのビニールハウスに配置する必要がなくなり、農家は1戸に1群で間に合うことになる。ハウスが近ければ、自宅の庭に置けるようになるので、農薬散布の被害をなくすこともできる。しかし、10℃で窓を開けると熱気が逃げるので、小さな窓にせざるを得ないが、それではハチに学習させるのに時間がかかる。ハウスの下部に10センチ平方の通気口みたいな穴を取り付けた場合、巣箱までの距離にもよるが、ハチが気づくのに、気温が10℃以上の日が合計5日くらいは必要である。気づきさえすれば、小さい窓でも十分に機能する。1日で気づかせる方法を模索中である。

蜂群の販売

例えば壱岐島ではあと3～4年で、この島で採蜜できる生息数の限界4000～5000群に至ると思われるが、そのあとはハチ群を間引かなければならなくなる。その段階では分蜂群が1万ないし2万群生まれるので、それを島の外に売り出さなければならなくなる。

このことが、全国的なニホンミツバチの生業化を加速することになるかもしれない。

1年後にどのような進展を遂げているか見守っていただきたい。

2　ニホンミツバチの管理カレンダー

　下の表は、蜜源植物を栽培しない自然飼養のカレンダーである。その次に述べるように蜜源植物を栽培すれば、採蜜は45日ごとに可能になる。

ニホンミツバチの管理カレンダー

2月上旬	■梅開花。 ■最高気温が8度を超えはじめたら分蜂促進のため給餌をしてもよい。 ■分蜂に向けて巣箱の準備と設置場所の整備。
3月中旬	■待ち箱の設置、誘引剤投入。
3月下旬～5月上旬	■分蜂群回収。 ■待ち箱見回り。
5月	■分蜂終了巣箱から採蜜。 (シイ満開)
5月下旬～6月上旬	(6月、マテバシイ満開) ■強勢群の重箱3段を4段に。 ■採蜜。 ■老朽巣板の撤去。
6月中旬～7月上旬	■梅雨の給餌（長梅雨だと遅い分蜂群と弱小群は倒れる）。 ■台風対策。
7月下旬～8月上旬	■梅雨前に採蜜できなかった強勢群からの採蜜、ただし糖度は低い。
8月上旬～9月上旬	■給餌（蜜源不足の場合）。
8月中旬～11月末	■オオスズメバチ対策。
10月上旬	■採蜜。
10月中旬	(セイタカアワダチソウ満開)
11月下旬	■越冬用ミツの採蜜と給餌。

種まきと開花のカレンダー

　ニホンミツバチを業として飼養するのであれば、乏蜜期にも流蜜が途絶えないようにするのが望ましい。

「菜の花」の蒔種期と開花期

蒔種期	開花期	
1/20	4/1〜6/30	分蜂を左右するので最も大事である。
2/20	5/1〜7/30	雑木が咲くのでハチはあまり訪花しない。雑木の蜜のほうが濃いからであろう。
3/20	6/1〜8/31	
5/20	8/1〜10/10	この年採種の種は冷蔵庫に1週間保存後蒔く。 蜜切れの時期で貴重な蜜源である。
7/20〜8/20	10/1〜3/20	この期間に蒔くのが花は最も勢いが良い。
9/1	11/10〜3/31	
10/15	1/30〜3/30	種用。
12/1	2/1〜4/31	

「ソバ」の蒔種期と開花期

蒔種期	開花期	
6/20	7/15〜8/20	蜜切れの時期で、貴重な蜜源である。花が終わったら鋤込み、その後に菜の花を蒔いてもよい。
7/1	9/10〜11/10	
7/20	8/15〜9/20	夏の蜜切れの時期で、貴重な蜜源である。
8/20	9/15〜10/20	実を収穫し種用にする。
9/20	10/15〜11/30	10月中旬からセイタカアワダチソウが咲くが、ソバが開花しているとハチはソバに集まる。

主に、菜の花とソバを咲かせる必要がある。ソバはやせた土地で良いが、菜の花は肥沃でなければならない。耕して蒔かないと出芽が悪い。

特に、分蜂期を含んだ2月の梅の開花期から4月末の椎の咲き始めるまでの流蜜は重要である。1月に菜の花を蒔くべきである。

菜の花とソバの種まき

菜の花はカラシ菜と似ているが、菜の花のほうが管理は楽である。気温があると蒔いてから70日で開花する。まばらに蒔くのが肝心である。密に蒔くと咲き方も悪く開花期が短くなる。70センチ間隔に移植をする人もいる。根元周りが人の手首ほどになるのが望ましい。管理が良いと数カ月咲き続ける。

ソバは蒔いてから25日で開花する。白ソバは30日、赤ソバは40日間開花が続く。ハチは赤ソバをより好む。

ローズマリー

これは常緑性の潅木である。開花までに数年かかるが開花期が長く、優れた蜜源植物である。7月20日から咲き始め4月30日まで咲いている。4〜5月に挿し木をして増やすのがよい。種子は発芽率が悪い。露地に移植するときは70センチほどの間隔をとる。

ラベンダー

ラベンダーも優れた長期蜜源である。ローズマリーの咲かない5月にも咲く。やはり挿し木が良いが、ローズマリーほど活着はよくない。露地植えは50センチ間隔にする。

おわりに

　「第6刷」（2012年6月15日発行）を増刷するにあたり、「おわりに」を書き変えねばならなくなった。初版を出した一昨年、2010年にはすでに、ミツバチを取り巻く情勢は厳しくなってきていたが、その後、ますます厳しくなるばかりである。

　2008年の分蜂で110群になっていた私のハチたちは、その後、衰退を始め、2009年末には3群になった。その3群はすべて市街地においていたものばかりであった。実は、この年、県は農村の老齢化による労働力低下対策として、ネオニコチノイド系農薬である「ダントツ」を推奨していたのである。

　私はその3群を私の家の庭に移し、見守ったが、それらは2011年の分蜂で、12群になったが、その12群を、農薬が浮遊して来ないであろうと思われる4カ所に避難させた。

　その12群が、今年（2012年）、40回くらい分蜂をした。10月から4月までは無農薬の時期である。ハチたちは失った自分たちの数を回復しようと必死なのである。分蜂群の多くが、四方八方へと散っていく。私が気づかないときに逃げたのも多いはずである。農薬で殺されて空白になった所へ向かうのである。やがて田植えが始まり、彼らのほとんどは再び消滅させられるであろう。

　私になす術はない。

　例年なら、分蜂期には空になった巣箱に分蜂群が自然界から入って来ていたものである。しかし今春は、ほとんど入らない。自然界には飼われているニホンミツバチの100倍くらいは生息しているはずである。それらのほとんどが消滅したようである。

　このハチの存在は日本民族の存立を支えていると言っても過言ではないであろう。

　このハチは日本の宝である。保護昆虫として指定させ、国を挙げて守っていく必要があると思っている。読者のみなさんのご支援をお願いする次第である。

　　　　　　　　　　　　　　　　　　　　　　　　（2012年5月22日記）

久志　冨士男（ひさし・ふじお）
　1935 年長崎県に生まれる。佐賀大学文理学部英語英文学科卒業。以後 1996 年定年退職まで長崎県の高等学校で英語教師を勤める。
　アジア養蜂研究協会会員。日本蜜蜂研究会会員。在職中からニホンミツバチを飼い始め、退職後はニホンミツバチの生態研究と普及に専念する。養蜂器具の特許、実用新案多数。
　「壱岐・五島ワバチ復活プロジェクト」代表。戦後長崎県の離島で絶滅していたニホンミツバチを 2007 年と 2008 年にすべての島で復活させた。2013 年 1 月没。
　著書に『ニホンミツバチが日本の農業を救う』『家族になったニホンミツバチ』、共著『虫がいない　鳥がいない』（高文研）がある。

我が家にミツバチがやって来た

- 2010 年 3 月 15 日 ──── 第 1 刷発行
- 2023 年 5 月 1 日 ──── 第 13 刷発行

著　者／久志　冨士男
発行所／株式会社　高 文 研
　　　　東京都千代田区神田猿楽町 2-1-8　〒 101-0064
　　　　TEL 03-3295-3415　振替 00160-6-18956
　　　　https://www.koubunken.co.jp

組版／Web D
印刷・製本／シナノ印刷株式会社
★乱丁・落丁本は送料当社負担でお取り替えいたします。

©HUZIO HISASI, *Printed in Japan*
ISBN 978-4-87498-438-3　C0045

ニホンミツバチ飼育実践・農薬問題を考える

家族になったニホンミツバチ

久志 冨士男 著　　本体価格 3,000円　A5判 86頁 DVD付

ニホンミツバチは、人に馴れる！ 馴れたら、決して刺さない。動画で見る・わかる・楽しい！ ニホンミツバチの巣箱の作り方から採蜜まで収録した唯一のDVDブック！

生態系の王者 オオスズメバチ
―ミツバチを飼う人のために

御園 孝 著　　本体価格 2,500円　A5判 80頁 DVD付

ミツバチの天敵〝オオスズメバチ〟は「生態系の王者」と言われているモンスター。しかし日本の生態系の貴重な守り手でもある。オオスズメバチを知れば養蜂も一層楽しくなる！ 養蜂家のためのオオスズメバチのすべてをDVDとともに紹介！

虫がいない 鳥がいない

ミツバチの目で見た農薬問題

久志 冨士男
水野 玲子　　本体価格 1,500円　A5判 128頁

ニホンミツバチ養蜂第一人者と環境問題に詳しい研究者が人にも多大な影響を与えかねないネオニコチノイド系農薬の実態を伝え、その危険性を訴える！

増補改訂版 知らずに食べていませんか？
ネオニコチノイド

水野 玲子 編著　　本体価格 1,500円　A5判 82頁

ミツバチや鳥の減少、子どもの発達への影響を及ぼしているこの農薬ネオニコチノイドの危険性を、世界の最新動向を新たに織り交ぜながらたくさんのカラーイラストでわかりやすく伝えます。

◎表示価格はすべて税抜価格です。別途消費税が掛かります。